トヨタの新興国適応
～創発による進化～

野村俊郎・山本 肇 著

文眞堂

はじめに

　新興国自動車市場は，21世紀の最初の頃には世界市場の4分の1ほどの規模しか無かった。それがわずか10年程の間に世界市場の過半を占めるまでに急成長した。新興国自動車市場は，量的に先進国市場と互角の重要性を持つ市場となり，その成長性も考慮すれば先進国市場以上の重要性を持つ市場となった。その結果，グローバルに活動する自動車メーカーは新興国市場の需要をどこまで取り込めるかによって，その成長の程度が左右されるようになった。こうした世界自動車市場の大変動に見事に適応し，自動車産業の歴史上はじめて1千万台を超える販売を達成したのが，トヨタ自動車である。本書は，大変動の10数年を通じて大きな飛躍を遂げ，さらなる飛躍に挑もうとするトヨタの新興国対応を，21世紀以降について分析したものである[1]。

　21世紀以降のトヨタの新興国対応は，大きく二つに分けることができる。第一は，新興国では一握りの富裕層にしか手が届かない高価格帯（200〜400万円）に投入された小型トラック系乗用車IMVでの対応である。IMVは新興国で年間百万台規模の成功を収め，VWがアマロックで，フォードがレンジャーで，ルノー日産がナバラ（日産），アラスカン（ルノー）で追随するなどして，新興国で新たに「小型トラック系乗用車」のセグメントを創造した。2017年にはベンツもXクラスで参入し，富裕層の需要を開拓する競争が激化している。IMVは，トヨタ全体の世界販売の1割を占めておりトヨタの世界販売拡大を主導するとともに，新興国にトラック系乗用車のセグメントを創造し，その後も持続的イノベーションを継続してこのセグメントの競争を主導してきた。トヨタは高価格帯では新興国市場の急成長に見事に適応し，その組織はさらなる進化を続けている。

　IMVは，トヨタの新興国向け小型トラック系乗用車の開発サブネームで，Innovative International Multi-purpose Vehicleの略称である。共通のIMVプラットフォーム[2]にピックアップトラック（モデル名ハイラックス），SUV（同前フォーチュナー，IMV4），ミニバン（イノーバ，IMV5）がある。ピックアップ

図　トヨタのIMV

IMV1　ハイラックス（シングルキャブ）

IMV2　ハイラックス（エクストラキャブ）

IMV3　ハイラックス（ダブルキャブ）

IMV4　フォーチュナー

IMV5　イノーバ

（注1）いずれも2015年にフルモデルチェンジして投入された第2世代IMVである。
（注2）写真のIMV2ハイラックス（エクストラキャブ）は，後席用のアクセスドアの有るモデル（観音開き4ドア）だが，無いモデル（2ドア）もある。いずれも後席が客貨両用の簡易シートで，投入先の多くで税制上優遇されている。アクセスドアが有るモデルは，第1世代ではタイ専用（2008年のマイナーチェンジで新規投入）だったが，第2世代以降グローバルに展開されている。タイでは第1世代，第2世代ともスマートキャブと呼ばれている。
（出所）IMVの開発を統括する組織ZBの第2代チーフエンジニア中嶋裕樹氏の提供。

　トラックには2人乗りのシングルキャブ（IMV1），運転席と助手席の後ろに客貨両用の2列目があるエクストラキャブ[3]（IMV2），5人乗りのダブルキャブ（IMV3）がある。全長は5メートルを超える巨体であるが，6メートルを超える北米の「フルサイズ」より小さいので「小型」と呼ばれており，また，トラックがSUV，ミニバンのベースになっているため「トラック系」であるが，乗り心地は「乗用車」並みのため，本書では「小型トラック系乗用車」[4]と呼んでいる。
　IMVは2004年に初代が発売され，2015年にフルモデルチェンジして2代目

となっている。主に新興諸国で販売されており，アメリカ，日本などの先進国では販売されていないため先進国では馴染みがない[5]。また，顧客向けにはIMVの呼称を使わず，モデル名のハイラックス，フォーチュナー，イノーバが使われているため，新興国でもIMVという名前は全く知られていない。しかし，トヨタでもカローラとIMVの2モデルしかない100万台を超える規模で成功を収めた世界戦略モデルである。

他方で，新興国で自動車市場が急成長した21世紀初頭は，一人当たりGDPで表される所得水準の上昇期でもあった。所得水準が上昇したと言っても，その水準は先進国に比べると未だ低く，自動車を購入できるのは中間層の上層部（アッパーミドル）の一部分に過ぎない。しかし，自動車市場の規模が世界10位以内と大きいインド，ブラジルでは，低価格を武器にアッパーミドルのニーズを開拓する動きが広がった。

インドでは，外国メーカーの参入がほとんどなかった1980年代に参入し，当時の軽自動車をベースに開発したマルチ800を投入してトップシェアを獲得したスズキが，21世紀の今日に至るまで100万円を大きく下回る多様な低価格車を投入して増大するアッパーミドルの需要を吸収し続けた。スズキは，インドで45％ものシェアを獲得している。しかし，スズキの成功モデルは多分に経路依存的で，仮に他社が同じビジネスモデルを採用したとしても，同様の成功は期待できない。だが，100万円を大きく下回るセグメントが大きな割合を占めていることは間違いなく，その価格で競争力を持つモデルの開発は避けて通れない。

ブラジルでは100万円程度の低価格セグメントに欧米メーカーが多数参入している。このセグメントを代表するVWのゴルは，ゴルフの仕様を徹底的に削ぎ落として低価格を実現した安物感満点のモデルだが，ブラジルではアッパーミドルの需要を見事に捉えてモデル別でトップシェアを獲得している。ブラジルは，インドほど低価格志向が強いわけではないが，現地で過剰な仕様は徹底的に削ぎ落してでも，100万円程度の価格を実現する必要がある。

こうした，低価格セグメントに対するトヨタの回答が小型コンパクト乗用車EFC（Entry Family Car，モデル名エティオス）であった。トヨタは，開発面では，要求性能に対して余裕を持たせて行われていた開発を要求性能通りにする

アローアンスの最小化を進めたり，調達面ではSPTT活動でQCDを確保[6]しつつコストの安いローカルサプライヤーからの調達を拡大したりするなど，低価格実現に向けた取り組みを進めたが，エティオスの価格を100万円以下にはできず，むしろ数十万円上回ってしまった。これでは，インド，ブラジルの低価格車には太刀打ちできず，エティオスのシェアはインド，ブラジルともに一桁で低迷し，この低価格セグメントでの低迷が災いして，両国でのトヨタ全体のシェアも一桁で低迷している。

トヨタは高価格帯でのIMVの大成功を受けて低価格帯での開発を怠っていたわけではない。EFCの開発では，むしろ逆にトヨタのノウハウを総動員して開発を進めた。だからこそ，他のトヨタ車と同様のトヨタ基準（品質，性能に関するトヨタ独自の基準），トヨタルーチン（トヨタの通常の仕事のやり方）での開発の限界が明らかになった。インド，ブラジルでも通用する100万円以下の低価格車はトヨタ基準，トヨタルーチンでは開発できなかった。低価格セグメントに適応できる車の開発には，自らの基準，ルーチンを変える必要があったのに変えられなかったという意味では，トヨタもクリステンセンの言うイノベータのジレンマ[7]に陥っていた。

このジレンマを克服すべく，トヨタは第二の新興国対応，すなわち低価格セグメントでの対応を開始した。新興国小型車だけにターゲットを絞った社内カンパニー「新興国小型車カンパニー」を2017年1月に設立したのである。「新興国小型車カンパニー」はトヨタの社内組織だが，2016年に完全子会社となったダイハツを企画・開発の実働部隊とする組織として設立された。

ダイハツは，日本市場向けの軽自動車，小型車の開発経験が豊富で，インドネシア市場向けの低価格車を21世紀以降に2度にわたって成功させている。ダイハツはトヨタと異なる基準（品質，性能に関するダイハツ独自の基準），異なるルーチン（ダイハツの通常の仕事のやり方）を持っており，インドネシア市場向けのモデルでは，2度ともアッパーミドルの需要を吸収して大きなシェアを獲得している。トヨタ基準，トヨタルーチンでは限界があった新興国低価格セグメントの攻略も，ダイハツのそれなら可能との目論見である。

ただ，開発の実働部隊はダイハツだが，ダイハツは海外生産拠点をインドネシアとマレーシアにしか持っていない。新興国小型車が攻略すべき中国，イン

ド，ブラジルにも生産拠点はない。他方で，トヨタは，その3カ国はもちろん，主要な新興国のすべてに生産拠点を持っており，トヨタが新興国での現地生産の実働部隊となる見込みである。

さらに，トヨタは2016年にスズキとも提携しており，インドではスズキが現地生産の実働部隊になる可能性もある。

本書は，こうしたトヨタの新興国対応を，高価格帯（序章）と低価格帯（終章）に分けて，その事業企画，製品企画・設計の現場に深く立ち入って分析する。分析にあたっては，現場のルーチンに焦点をあてる。他方で，トヨタの新興国対応が新興国市場で，どのような成果を生んだか（高い適応度をみせたか），またどのような限界に阻まれたか（低い適応度にとどまったか）について，トヨタが高い適応度を示している（高い市場シェアを獲得している）タイ（第1章）とインドネシア（第2章），トヨタの適応度は低いが自動車市場がドイツと並ぶ規模まで成長したインド（第3章），インドと並んでスズキが大きなシェアを占めていたが，トヨタがシェア逆転に成功したパキスタン（第4章），インドと同様にトヨタの適応度は低いがインドを追う位置にあるブラジル（第5章）の5カ国を取り上げて分析する。なお，このうちタイについては，トヨタが新興国では唯一，本格的に進めてきた開発の現地化に焦点をあてて分析し，インドネシア以降では市場でのトヨタの適応度に焦点をあてて分析する。この開発現場のルーチンと製品の市場適応度を照合して組織進化の方向性を考えるのが本書の分析方法の特徴である[8]。

なお，世界最大の自動車市場に成長した中国市場は，新興国では例外的に小型トラック系乗用車に市場性が無く，低価格セグメントの割合も高くない。逆にミドルクラスより上のセグメントの割合が大きい。このため，トヨタもカムリ，カローラなどのグローバルモデルを中心に投入して成功しており，独自の新興国対応はしていない。中国自動車市場は新興国で最大の市場であり，世界自動車市場の中でもアメリカの1.5倍の規模に達する世界最大の市場である。成長速度も10年ほどで5倍以上の規模に達する速さである。その規模においても，成長速度においても，最重要の市場である。しかし，本書はトヨタがその製品開発において新興国独自の対応をしている国を対象としているため，それ

が行われていない中国市場は,本書では取り上げていない[9])。

　本書は,野村俊郎(鹿児島県立短期大学)と山本肇(Nomura Research Institute Thailand)との共著である。山本は第2章を分担執筆し,その他はすべて野村が執筆した。野村と山本は1990年代からタイ,インドネシアを中心に20年以上にわたって一緒に調査してきたし,IMVに関するヒアリングの多くも一緒に行ってきた。このため問題意識と集めた情報の多くを共有している。20年以上の共同研究の成果として,テーマ,分析のスタイルともに概ね統一されていると思う。各章で展開された見解は,野村と山本の共通認識と考えて頂いて差し支えない。

野村俊郎・山本肇

[注]
1) なお,トヨタの新興国対応のうち高価格帯のIMVについては,野村俊郎(2015)で分析した。本書はその続編にあたり,高価格帯に加えて低価格帯にも焦点を当てて分析している。
2) プラットフォームは自動車の場合,エンジン,ミッション,サスペンションなどの車の土台にあたる部分である。現代の自動車開発では,プラットフォームを共通化して複数のモデルを開発するのが一般的である。外から見えないプラットフォームを共通化してコストダウンを図り,プラットフォームの上に載せるボデー(アッパーボデー)で多様な形を作るのである。
3) Extended Cabとも呼ばれ,タイでのみSmart Cabと呼ばれている。
4) 「トラック系乗用車」は,アメリカの「フルサイズ」を念頭に置いた藤本隆宏(2001)の分類名である。トラック系乗用車は,「フルサイズ」「小型」ともに,統計上Light Commercial Vehicle(小型商用車)に分類される。
5) 欧州では英仏露などで農業用に年数千台の販売実績があり,2017年には日本にも再投入され同じく年数千台の実績がある。しかし,IMVの百万台規模の販売の大半が新興国であり,先進国で馴染みがないことに変わりはない。
6) SPTT(Suppliers' Parts Tracking Team)活動は,サプライヤー候補,および取引中のサプライヤーの製品(部品)の性能・品質・原価・生産量がトヨタの基準(Toyota Standard, TS)をクリアしているかどうかをトヨタ側のチームで点検する活動のことである。QCDはQuality(品質),Cost(原価),Dlibery(納期)の頭文字。
7) クリステンセン(邦訳2001)では「イノベーション」のジレンマとなっているが,本書では原著Christensen, Clayton M.(1997)に従い「イノベータ」のジレンマとする。
8) 本書は,こうした「ルーチンベースの市場適応の経済学」の最初の試みである。その出発点となった「ルーチンベースの生産の経済学」という発想は,野村の講演に対する藤本隆宏のコメント(藤本隆宏(2015))から得たものである。
9) 新興国小型車カンパニーで中国市場も念頭に置いた開発が行われる可能性もあるが,本書執筆時点で,その動きは未だ表面化していない。

目　次

はじめに　i

序　章　新興国市場の大変動とトヨタの適応
　　　　　〜先進国を追い抜く急成長，市場の二極分化，
　　　　　デュアルルーチンへの進化〜 ………………………………………… 1
　はじめに ……………………………………………………………………………… 1
　第1節　トヨタルーチンで開発したIMVで高価格帯に新セグメント創造
　　　　　〜第2世代IMV投入以降の高価格帯新セグメントでの競争と進化〜 ……… 3
　　1-1　新興国自動車市場の大変動　3
　　1-2　高価格帯新セグメント創造で大変動を主導したトヨタZB　8
　第2節　高価格帯での持続的イノベーション：
　　　　　カンパニー制で決定迅速化 ……………………………………………… 14
　　2-1　3代目前田昌彦CEとカンパニー制　14
　　2-2　前田ZBが直面した競争，規制，技術革新　19
　　2-3　日本市場向けIMVの開発・投入　25
　　2-4　適応の限界と進化　29

第1章　タイにおけるトヨタの製品開発能力構築
　　　　　〜TDEMは新興国小型車開発の母体に成りうるか〜 ………………… 35
　第1節　本章の考察対象と項目 ……………………………………………………… 35
　第2節　TMAP-EMの概要 …………………………………………………………… 36
　第3節　TMAP-EMの製品企画機能 ………………………………………………… 40
　第4節　TMAP-EMの製品設計機能の拡大 ………………………………………… 45
　第5節　将来的なTMAP-EMの企画・設計の役割拡大の方向性 ………… 49

viii　目　次

第2章　インドネシア市場ではイノベータのジレンマを超えたトヨタ
　　　　～ダイハツを活用したLCGC開発の成功と限界～ ………………… 51

　はじめに …………………………………………………………………………… 51
　第1節　インドネシアではイノベータのジレンマを克服 …………………… 52
　第2節　既存メーカーをローエンドに導くLCGC政策各メーカーの対応 … 57
　第3節　3列7人乗りLCGCは好調な滑り出し，U-IMVは減少，
　　　　　IMVは堅調 …………………………………………………………… 62

第3章　スズキ45％のインド市場の急成長とトヨタの適応
　　　　～イノベータのジレンマに陥るも進む能力構築とジレンマ克服の
　　　　　展望～ ……………………………………………………………… 69

　はじめに …………………………………………………………………………… 69
　第1節　スズキがシェア45％を維持したまま急成長を遂げたインド乗用車市場
　　　　　～300万台に迫る市場で繰り広げられる一強五弱の競争～ ………… 70
　　　1-1　21世紀に入って70万台から280万台へ4倍化，
　　　　　　2021年には500万台へ　　70
　　　1-2　インドから始まるスズキの「21世紀のプロダクトサイクル」と
　　　　　　トヨタ，ホンダの動向　　72
　　　1-3　メーカー別～シェア4割，100万台超で他社を圧倒するスズキと
　　　　　　7位に沈むトヨタ～　　75
　　　1-4　セグメント別　　76
　第2節　トヨタのIMV＆EFC戦略の限界と新たな挑戦 ……………………… 80
　おわりに …………………………………………………………………………… 89

第4章　スズキ，トヨタのパキスタン市場戦略と生産・調達の工夫
　　　　～ブルーオーシャンで成功した二つの戦略～ ………………………… 93

　はじめに …………………………………………………………………………… 93
　第1節　スズキとトヨタのパキスタン市場戦略 ……………………………… 96
　　　1-1　インドと同じく5割を超えるシェアを獲得・維持するスズキ　　96
　　　1-2　スズキと比べて15年の参入の遅れを取り戻したトヨタ
　　　　　　～カローラで乗用車市場トップ，IMVでセグメントトップに立つ～　　104
　第2節　製造面の原価低減の工夫 ……………………………………………… 108

2-1　現地生産を担う現地法人　108
　　2-2　設備投資を抑制しつつ生産方式の改良で効率を追求　109
　第3節　部品調達面での原価低減の工夫 …………………………………… 114
　おわりに ……………………………………………………………………… 117

第5章　南米市場の急成長とトヨタの部品調達の進化
　　　　～日系Tier1の少ない南米でも日系並みを実現～ …………… 121
　はじめに ……………………………………………………………………… 121
　第1節　ブラジル，アルゼンチンが主導する南米自動車市場の成長 ……… 123
　第2節　メーカー別の動向 …………………………………………………… 128
　第3節　シェア競争では苦戦する南米でも進むトヨタの能力構築 ………… 132
　　3-1　南米での非系列部品調達　134
　　3-2　系列調達のインドネシア，非系列調達のアルゼンチン
　　　　　～現地調達環境への適応～　135
　　3-3　「設計チェックシート」を組み込んだ図面承認手順　136
　　3-4　欧米系，現地系でもTSを実現するSPTT
　　　　　～部品調達でも進むトヨタの能力構築～　139
　おわりに ……………………………………………………………………… 141

終　章　新興国低価格車ルーチンの分化と目的ブランド
　　　　～トヨタはイノベータのジレンマを超えられるか～ ………… 143
　第1節　新興国小型車カンパニー　～そのバーチャルとリアル～ ………… 143
　第2節　創発された新興国小型車開発ルーチン …………………………… 147

インタビュー等について　157
参考文献　158
おわりに　161
初出一覧　167
索　　引　169

序　章

新興国市場の大変動とトヨタの適応[1)]
～先進国を追い抜く急成長,市場の二極分化,デュアルルーチンへの進化～

はじめに

21世紀の市場環境大変動
～新興国が先進国を上回り,市場が高価格帯と低価格帯に分化～

　21世紀に入って新興国自動車市場には,二つの大変動が起こった。一つは世界自動車市場が6000万台から9000万台に急成長するなかで新興国市場の割合が先進国市場を上回ったことである。世界自動車市場は20世紀の先進国の時代から,21世紀の新興国の時代へと大転換を遂げた。

　もう一つは,新興国市場で高価格帯の小型トラック系乗用車[2)]と,低価格帯の小型乗用車のセグメントが,グローバルプレイヤー間の競争の舞台として本格的に起ち上ってきたことである。まず,小型トラック系乗用車だが,21世紀に入って間もなく,トヨタが1トンピックアップ[3)]を初めとする小型トラック系乗用車IMVを,主に新興国で100万台規模で成功させると,2011年以降,フォードがレンジャーで,VWがアマロックで追随し,小型トッラク系乗用車が新興国最大のセグメントに成長した。さらに,2017年にはベンツもXクラスで1トンピックアップに参入し,新興国でも高価格帯(300万円～500万円)を巡るグローバルプレイヤーの競争が加速している。

　他方では,インド,ブラジルを中心に低価格帯(50万円～150万円)の小型乗用車が多数を占めるセグメントが拡大し,インドではスズキが50万円程度のマルチ800をはじめとする小型車で4割以上[4)]のシェアを確保し,ブラジルでは100万円程度の小型車が6割のシェアを占めるに至っている。インド,ブラジルには世界の主要メーカーが参入し,低価格小型乗用車を巡る競争も激化して

いる[5]。

　新興国自動車市場では，21世紀以降に市場規模が急拡大していく中で，一部の高所得者しか手が出せない高価格帯と，経済成長の中で生まれてきた中間層の上層，アッパーミドル層なら何とか手が出せる低価格帯に市場が分化した。この二つの価格帯～高価格帯と低価格帯～に，需要が大きく偏っていることに先進国と異なる特徴があるが，この両極の価格帯に投入されるモデルにも先進国と異なる特徴がある。

　高価格帯では，悪路走破性や堅牢性といった新興国に適応した特性と，快適性や質感のような先進国の高級乗用車に求められる特性の両方を兼ね備えたトラック系乗用車（フレームシャシベースのピックアップトラック，SUV，ミニバン）が多数を占める新興国が多い。他方で，低価格帯には，市場規模の大きなインドでは先進国には存在しない50万円程度のモデルが大きな割合を占めており，同じくブラジルでは先進国モデルをスペックダウンして100万円程度にしたモデルが6割を占め，インドネシアでは政府のインセンティブで100万円程度を実現したモデル（LCGC：Low Cost Green Car）が一定の割合を占めている[6]。そのいずれも新興国専用の低価格車である。

　新興国市場の分化が明瞭になった2010年頃から，グローバルに競争する世界の主要自動車メーカー（以下，グローバルプレイヤーと呼ぶこともある）は分化した二つの市場に適応したモデルの開発が求められている。こうした二つの大変動～世界市場での先進国市場と新興国市場の逆転，新興国市場の高価格帯と低価格帯への分化～は，自動車メーカーから見れば，自らを進化させなければ生き残れないような市場環境の大変動である。

　しかし，各メーカーは得意とする（競争優位のある）セグメントに偏りがあり，トラック系乗用車も低価格乗用車も，どちらも得意なメーカーは，2018年までのところでは存在しない。市場環境大変動に全面的に適応した自動車メーカーはまだ存在しない。世界販売台数で首位を争うトヨタも，トラック系乗用車では100万台規模の成功を収め，このセグメントの創造を主導したマーケットリーダーだが，低価格乗用車ではインド，ブラジルともに数％のシェアに留まっている。

　そのトヨタの新興国対応に関して，筆者は，前者のトラック系乗用車につい

てはこれまでも詳細に分析し，300〜500万円という高価格帯に投入されたトラック系乗用車の場合は，新興国向けのモデルであっても先進国向けモデルと同じトヨタのルーチン[7]で開発して年間100万台規模で成功を収めていることを明らかにした[8]。しかし，後者の低価格小型車については，トヨタのルーチンを新興国向けにモディファイしたルーチンで開発，生産，調達が行われたものの，市場が求める低価格を実現できず，十分な成果をあげられなかった事実を紹介するに留まっていた[9]。しかし，ここ数年の間に低価格小型車に関しても，新たな組織態勢[10]〜低価格車が得意なダイハツを完全子会社にして，トヨタのルーチンとは異なるダイハツのルーチンで開発・生産・調達を行う態勢〜で本格的に対応する準備が整ってきた。また，トラック系乗用車に関しても，競争が本格化したトラック系乗用車のセグメントで持続的イノベーションを行う新たな動きがみられる。本章では，両極分解した新興国市場の両方にトヨタのルーチンとダイハツのルーチンの二つのルーチン〜デュアルルーチン〜で適応しようとする，こうしたトヨタの動きを，ここ数年の新たな動きに焦点をあてて分析していく。

第1節　トヨタルーチンで開発したIMVで高価格帯に新セグメント創造
　　　　〜第2世代IMV投入以降の高価格帯新セグメントでの競争と進化〜

1-1　新興国自動車市場の大変動

トヨタの世界販売1000万台を新興国で支えるIMV

　トヨタは，自動車産業の歴史上初めて世界販売が1000万台を超えたメーカーである。2014年にトヨタグループで1000万台を超えて1023万台を達成して以降，2016年まで一貫して1000万台を超えている。世界の自動車メーカーで1000万台を超えているのは，トヨタと同じく2014年に1000万台を超えたVWグループと，三菱自動車合併で2017年に1000万台を超えたルノー・日産・三菱アライアンスだけである。順位も2012年から15年までトヨタグループが世界一であった[11]。

トヨタの1000万台のうち，最も台数が多いのはカローラの120万台だが，2番目に多いのは新興国専用車IMVの100万台である。トヨタの世界販売を新興国で支えているのがIMVである。

トヨタが世界1000万台を達成した条件として，①21世紀以降の世界自動車市場の急成長（6000万台から9000万台），なかでも，②新興国市場が先進国市場を上回る（逆転する）に至った新興国市場の急拡大がある。これは，いずれも，この10年ほど（2005～2016年）の間に起こったことである。

トヨタは，市場環境のこうした大変動に見事に適応し，自らも1000万台，世界第一位にまで成長した。そこでまず，2005年から2016年に至る約10年の世界自動車市場の成長と転換の概要をみておく。

世界自動車市場の急成長

図序-1は世界自動車市場全体の急成長をみたものである。2005年以降に世界自動車市場は1.5倍に拡大し1億台に迫っている。この大規模かつ急速な世界自動車市場の拡大がトヨタやVWが1000万台を超えた要因である。

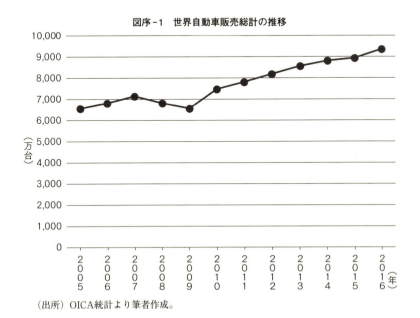

図序-1　世界自動車販売総計の推移

（出所）OICA統計より筆者作成。

表序-1　新興国が先進国を逆転

【2005年】
新興上位10カ国の国内販売合計と全世界上位20カ国に占める割合

順位（新興国内）	順位（全世界）	国名	国内販売台数
1	(3)	中国	5,758,189
2	(9)	ロシア	1,806,625
3	(10)	ブラジル	1,714,644
4	(12)	インド	1,440,455
5	(13)	メキシコ	1,168,508
6	(16)	イラン	857,500
7	(17)	トルコ	715,212
8	(18)	タイ	692,506
9	(19)	南アフリカ	617,406
10	(20)	マレーシア	551,042
新興上位10カ国の合計			15,322,087
全世界上位20カ国に占める上記合計の割合			27.40%

【2016年】
新興上位10カ国の国内販売合計と全世界上位20カ国に占める割合

順位（新興国内）	順位（全世界）	国名	国内販売台数
1	(1)	中国	28,028,175
2	(5)	インド	3,669,277
3	(8)	ブラジル	2,050,321
4	(12)	メキシコ	1,647,723
5	(13)	イラン	1,448,500
6	(14)	ロシア	1,404,464
7	(17)	インドネシア	1,048,134
8	(18)	トルコ	1,007,857
9	(19)	タイ	768,788
10	(20)	アルゼンチン	709,482
新興上位10カ国の合計			41,782,721
全世界上位20カ国に占める上記合計の割合			50.80%

【2005年】
先進上位10カ国の国内販売合計と全世界上位20カ国に占める割合

順位（先進国内）	順位（全世界）	国名	国内販売台数
1	(1)	アメリカ	17,444,329
2	(2)	日本	5,852,034
3	(4)	ドイツ	3,614,886
4	(5)	イギリス	2,828,127
5	(6)	フランス	2,598,183
6	(7)	イタリア	2,495,436
7	(8)	スペイン	1,959,488
8	(11)	カナダ	1,630,142
9	(14)	韓国	1,145,230
10	(15)	オーストラリア	988,269
先進上位10カ国の合計			40,556,124
全世界上位20カ国に占める上記合計の割合			72.60%

【2016年】
先進上位10カ国の国内販売合計と全世界上位20カ国に占める割合

順位（先進国内）	順位（全世界）	国名	国内販売台数
1	(2)	アメリカ	17,865,773
2	(3)	日本	4,970,260
3	(4)	ドイツ	3,708,867
4	(6)	イギリス	3,123,755
5	(7)	フランス	2,478,472
6	(9)	イタリア	2,050,292
7	(10)	カナダ	1,983,745
8	(11)	韓国	1,823,041
9	(15)	スペイン	1,347,344
10	(16)	オーストラリア	1,178,133
先進上位10カ国の合計			40,529,682
全世界上位20カ国に占める上記合計の割合			49.20%

（出所）OICA統計より筆者作成。

新興国市場の急成長，先進国市場の停滞，市場構造逆転で新興国の時代に

　表序-1は，世界全体の自動車販売を，先進上位10カ国と新興上位10カ国に分けて，両者の割合を示したものである。この両者を合わせた20カ国が世界上位20カ国と重なっており，上位20カ国の内訳を示したものでもある。

元のデータはOICA（Organisation Internationale des Constructeurs d'Automobiles, 国際自動車工業会）の世界144カ国の国別販売データであり，そのすべてをIMFやWorld Bankの基準[12]で先進国と新興国に分けて表示，分析することもできる。

しかし，上位20カ国より下の国はほとんどが数千〜数万台規模であるのに対して，上位20カ国はいずれも100万台を超えており[13]，上位20カ国の合計は2016年で約8000万台（82,312,403台），世界全体約9000万台（93,856,388台）の約9割（87.7％）に達している。上位20カ国で分析した方が些末な事象に惑わされることなく全体の傾向を捉えやすい。

そこで以下，世界上位20カ国に焦点をあて，先進上位10カ国と新興上位10カ国に分けて分析していく。また，「世界上位20カ国の市場規模」を「世界全体の市場規模」，「先進上位10カ国の市場規模」を「先進国の市場規模」，「新興上位10カ国の市場規模」を「新興国の市場規模」とみなして（表記して）分析していく。

表序-1の上段では，新興上位10カ国の2005年と2016年の市場規模（販売台数）を比較し，下段では先進上位10カ国を同様に比較した。この約10年間で世界全体に占める新興国の規模は全体の1/4（27.4％）から過半数を超える（50.8％）に至った。台数でみても新興国市場は，わずか10年程で1500万台から4100万台に3倍近くまで増加している。他方で，先進国市場は4000万台のまま10年間ほとんど変わっていない。新興国市場の急成長，先進国市場の停滞は明瞭である。

その結果，2016年の新興上位10カ国と先進上位10カ国の国内販売合計はそ

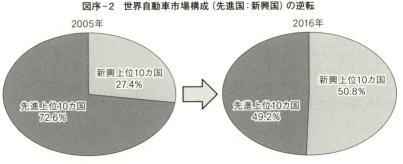

図序-2　世界自動車市場構成（先進国：新興国）の逆転

（出所）OICA統計より筆者作成。

れぞれ約4100万台と約4000万台で新興国が約100万台上回った。このことを，国別内訳を省略してグラフ化したのが図序−2である。

世界自動車市場は，この10年で先進上位10カ国が優勢な先進国の時代から，新興上位10カ国が優勢な新興国の時代に大転換を遂げたのである。しかも，この変化はわずか数年の間（新興国が先進国を逆転したのは2012年）に起こった。世界自動車市場の大変動である。

大変動の10年，世界シェア1割を維持し，新興国専用車を成功させたトヨタ

大変動の10年（2005〜2016年）を通じて，トヨタ単体の世界販売は740万台から900万台に160万台増加した（図序−3）。トヨタはダイハツ，日野等を除いた単体でも世界シェア1割を維持し続けた（図序−4）。

トヨタの世界販売の増加をリードしたのが2004年に新規投入された新興国車IMVである。IMVの販売台数は2005年の45万台から2012年の110万台へ倍増し（図序−3），IMVの増加分65万台は，トヨタ単体の世界販売増加分160万台の4割を占めている。また，トヨタの世界販売に占めるIMVの割合も，6.3%

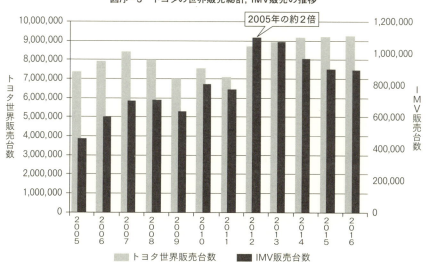

図序−3　トヨタの世界販売総計，IMV販売の推移

（出所）OICA統計とトヨタ自動車広報部提供データより筆者作成。

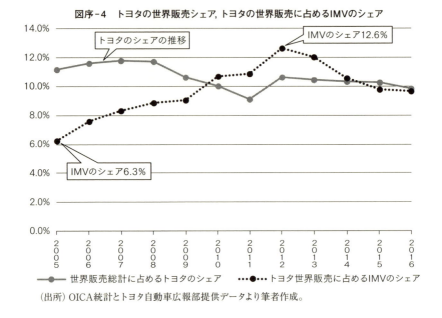

図序-4 トヨタの世界販売シェア, トヨタの世界販売に占めるIMVのシェア

(出所) OICA統計とトヨタ自動車広報部提供データより筆者作成。

(2005年)から12.6%(2012年)まで伸び,その後も10%程度を維持している(図序-4)。

　トヨタは,世界市場全体の成長に歩調を合わせて販売を増やし世界一を達成するとともに,先進国市場を逆転するほどの新興国市場の成長と同期するように新興国専用車IMVを新規に投入して新興国での需要創造にも成功した。世界市場の大変動にトヨタは見事に適応したといえよう。

　この適応を主導したのが開発推進組織ZBである。次項で詳しく見ていこう。

1-2　高価格帯新セグメント創造で大変動を主導したトヨタZB

新興国に小型トラック系乗用車の市場を創発したZB

　生物の環境への適応度が育った子供の数で示されるのと同様に,企業の市場環境への適応度は販売された製品の数で示される。

　市場環境が大変動する中,世界一の販売台数を達成したトヨタの適応度は高い。特に,先進国を逆転するほど急成長した新興国市場の急成長に同期するよ

うに販売を倍増させたIMVの適応度は高い。

　環境適応度の高い生物個体は遺伝子の突然変異により偶然生まれるが，市場適応度の高い製品は製品開発組織のルーチンにより合目的的に生み出される。

　ただし，製品開発プロセスでは，さまざまな製品構想が検討され，いくつものイメージスケッチが作成され，設計開始以降も複数の試作品が作られる。このプロセスには偶然性も作用するだろうし，自動車のような複雑な構造物では開発組織も複雑であり，個々の組織の合目的活動の単純な総和を超えた／下回る製品が現れることも珍しくない。

　そのように事前合理的には予測できない結果が全体として現れることを「創発」と呼ぶ。製品開発にはこのような創発的な面もある。

　しかし，トヨタの場合，CE（Chief Engineer）とCEを補佐して開発を推進する少数精鋭（15人程度，IMVのZBで最大時25人）の統括組織Z（ゼット）[14]によって，開発プロセス全体に統一された合目的性が与えられている。創発性を含むとはいえ，トヨタの開発は事前合理的な合目的的活動である。

　IMVの場合も，開発プロセス全体は充分過ぎるほど合目的的であった。だが，IMVにも「創発」が現れた。それも，トヨタにとって嬉しい誤算である「プラスの創発」が現れた。発売されたIMVが企画台数45万台／年を大きく上回る100万台／年を達成したのである。これは，組織が合目的的な活動の総和として目指した目標の倍である。フォード，VWも追随し，2017年にはベンツも参入し，新興国に巨大な「高価格帯の小型トラック系乗用車」のセグメントが形成された。

　IMVの開発を主導したZBは，2500人に及ぶ開発メンバーの想定を超える巨大なセグメントを新興国に生み出した。これは，オーストラリアの草原で小さな無数の白アリが生み出した巨大なアリ塚を想起させる。その意味で典型的な創発である。IMVは巨大な新市場を創発した製品，すなわち，創発的製品である。

　このようにIMVは新興国に新市場を創発することで，21世紀の世界自動車市場の大変動，構造転換に見事に適応し，トヨタ世界一の原動力となった。

適応を主導したZB

　以上のようにIMVの適応度は，事前合理的な想定（45万台）を大きく超える

高さ（100万台）であった。とはいえ，開発過程はZBが事前合理的，合目的的に管理しており，適応度の高さも合目的活動の結果である。世界市場大変動へのトヨタの適応は，ZBが主導したと言えよう。

一般にトヨタの製品開発は，車種ごとに任命されたCEが補佐組織Zと共に推進する。Zも車種ごとの組織であるため，Zの後ろにアルファベット一文字を追加した名称が車種ごとに付けられている。たとえば，IMVのZはZBであるし，カローラのZはZEである。CEとZはどの車種の担当であろうと以下の手順（ルーチン）で，すなわち，【商品企画提案，開発提案，意匠開発】→（生産へのハンドオーバー）→【量産確認，ラインオフ】の段取りをきちっと時間軸で守った中で，個車開発を統括，推進していく。

CEが直接に統括する（承認権限を持つ）のは，設計，原価企画，実験であるが，この他にも，製造とCEとは量産図面作成に向けて，生産技術とCEとは製造設備を巡って，また，調達とCEは調達先の選定に関して，外注先の部品メーカーの開発部門とCEは承認図の承認プロセスで，それぞれすり合わせるなど，CEは多様な部門とのすり合わせを行う。根幹の設計部門等には承認権限で，その他の部門とはすり合わせで，担当車種に関わるすべてを推進する。

以上のようにCEは製品開発の根幹部分の承認権限を持っている。社長と役員が量産準備開始を決定する「製品化決定会議」はすべての図面をCEが承認してから開かれるため，実務的にはCEの承認が最終決定となっている。これが「CEは社長の代わり」と言われる所以である。

ZBの四代のCEと競争環境

ZBのCEは，第1世代IMV3車型（ピックアップトラック，SUV，ミニバン），5ボデータイプ（ピックアップがシングルキャブ，エクストラキャブ，ダブルキャブの3種類＋SUV＋ミニバン）のすべてを新規開発した初代細川薫CE（在任2002〜2014年）から，第2世代IMVへのフルモデルチェンジを担当した2代目中嶋裕樹CE（2014〜2016年）を経て，3代目前田昌彦CEが2016年4月から2017年末まで務め，2018年1月1日に現在の4代目小鑓貞嘉CE（前ランドクルーザー担当ZJ1のCE）が就任している。以下，この4名が担当したZBを，トヨタ社内の呼称ではないが，本章では便宜的に細川ZB，中嶋ZB，前田ZB，小鑓

ZBと呼ぶ。先ず四氏の略歴を見ておこう（図序-5～8）。

　細川ZBの時代は，トヨタのZはすべて製品企画本部に所属しており，営業上の地域の括りである第1トヨタ，第2トヨタ，製品軸の括りであるカンパニーは，いずれも存在しなかった。このため，ピックアップ（車種名ハイラックス），ミニバン（同前イノーバ）の開発では，それぞれの先代の主力市場，タイとインドネシアの競争環境が想定された。タイ市場ではいすゞD-MAXが先行投入され好調を続けていた。また，インドネシア市場では同じくいすゞパンサーが好評を博しており，ローカルモデルであるD-MAXやパンサーが主なコンペティタとして想定されていた。2004年に投入された初代IMVは，新興国ならどこでも通用するという意味で，「グローバルベスト」を強く意識していたが，初代IMVが開発された時期には，小型トラック系乗用車のグローバルモデルは存在しておらず，コンペティタとして意識されていたのはローカルモデルであった。細川ZBがグローバルモデルをコンペティタとして意識するようになるのは，VWアマロックやフォード・レンジャーが投入されてから後のことである[15]。

　「グローバルベスト」とは新興国ならグローバル共通に求められるベストな仕様，性能であり，「ローカルベスト」とは特定の国，地域で求められるベストな仕様，性能である。細川CEは新興国向けトラック系乗用車に求められるグローバルベストとして悪路走破性，堅牢性など，ローカルベストとして主な新興国市場の自然環境，使用常識などへの対応を具体的にあげていた。

　とはいえ，2回目のマイナーチェンジ（2011年）に向けた開発では「グローバルベスト」と「ローカルベスト」が並列されていた訳ではなく，重点は「ローカルベスト」に置かれていた。細川CE自身が「2回目のマイナーチェンジはグローバルベストからローカルベストへの転換の集大成」[16]と述べている。

　しかし，2代目IMVへのフルモデルチェンジを主導した中嶋ZBの時代には，グローバルプレイヤーのグローバルモデルをコンペティタとする競争環境は明瞭であった。この新たな競争環境に対応すべく，中嶋ZBは「タフの再定義」という開発コンセプトを打ち出した。細川ZBもタフをコンセプトとしていたが，それは高い悪路走破性，堅牢性を意味していた。中嶋ZBはこれを引き継いだうえで，悪路でも高級乗用車のような快適性を持つことをタフとして再定

図序-5　細川薫CE（第1世代IMVを開発）

氏　名	細川　薫（ホソカワ　カオル）	
生年月日	1954年4月1日　岐阜県出身	
最終学歴	大阪大学工学部大学院精密工学研究科	
職　歴	'79年4月	トヨタ自動車工業株式会社入社 商用車（ハイエース等）のシャシ設計を担当 アクスル＆サスペンションの設計を担当
	'89年	ベルギー・ブリュッセルのテクニカルセンターに駐在
	'93年	ミニバン（グランビア等）のシャシ開発を担当
	'96年1月	製品企画室・ZNへ異動 北米専用車である初代セコイアの開発を担当
	'00年12月	セコイア立ち上がり、主査を退任
	'01年3月	トヨタとダイハツの共同開発となるU-IMVプロジェクトにトヨタ側のチーフエンジニア（CE）として参画
	'02年1月	U-IMVよりIMVプロジェクトへ担当変更（CE）
	'04年6月	U-IMVのCEも兼任
	～'11年8月	IMVのCE退任
	～'12年3月	製品企画部 地域担当部長
	'12年4月	住友ゴム工業株式会社に出向
	'14年3月	トヨタ自動車株式会社を定年退職
	'16年5月	ダイハツ工業㈱車両開発本部アドバイザー

図序-6　中嶋裕樹CE（第2世代IMVを開発）

氏　名	中嶋　裕樹（ナカジマ　ヒロキ）	
生年月日	1962年4月10日　大阪府出身	
最終学歴	1987年　京都大学大学院工学研究科　修了	
職　歴	'87年	トヨタ自動車株式会社入社 生産技術部門に配属（車体計プレス生技）
	'89年	製造部門へ異動（田原工場　製造部） 新車立ち上げ担当（セルシオ・セリカ）
	'90年	生産技術部門に復帰（第8生本部　プレス計画室） 主に材料開発/生産技術開発を担当 （レーザー活用技術/アルミ・ハイテン材開発）
	'93年	技術部門へ異動（第1ボデー設計部） ボデー/内外装設計担当 （クラウン・マークⅡ・ヴィッツ・ハリアー等） カーテンシールドエアバッグ開発
	'03年	生産管理部門へ異動（新車進行管理部） 中国・国内/レクサス・ユニットプロジェクトの新規切替えを担当
	'05年	技術部門に復帰（製品企画） iQチーフエンジニア
	'11年4月	IMV（ZB）チーフエンジニア（CE）：CE, ECEとして2016年3月末まで
	'14年4月	常務理事　IMVエグゼクティブチーフエンジニア（ECE）
	'15年4月	常務役員 製品企画本部副本部長就任（ZBのECEを兼任）
	'16年4月	常務役員　CV Companyエグゼクティブバイスプレジデント（EVP）就任
	'18年1月	常務役員　Mid-size Vehicle Company EVP就任

第1節　トヨタルーチンで開発したIMVで高価格帯に新セグメント創造　13

図序-7　前田昌彦CE（第2世代IMVを改良）

氏　名	前田　昌彦（マエダ　マサヒコ）
生年月日	1969年2月10日　東京都出身
最終学歴	1994年　東北大学工学部精密工学科修士課程修了
職　歴	'94年　トヨタ自動車に入社。 　　　　将来は製品企画がやりたいと思いながらも新人では配属されないとの事で、技術者としての車のコアを作るべくエンジン志望・配属 '95年　直列6気筒エンジンの評価・設計を担当。 　　　　初めて設計した部品は1Gエンジンのピストン '01年　製品企画部門に異動。初代IMVプロジェクトを担当。 　　　　主にユニット＆評価関係を担当。 '05年　2代目プリウスに異動。HVシステムを担当。 　　　　38km/ℓと世界一の実用燃費を目指す。 '09年　2代目IMVの製品企画担当に戻る。 　　　　CEの下で実質的開発のリーダーを担当。 '16年　TNGA企画部で次期プラットフォーム企画のリーダーを担当。 　　　　4月にIMV（ZB）チーフエンジニアに就任、2017年9月に日本市場へIMV3（ハイラックスダブルキャブ）を投入。2017年12月末まで在任。 '18年1月　常務役員、新興国小型車（ECC）カンパニー・プレジデントに就任。

図序-8　小鑓貞嘉CE（第2世代IMV改良→第3世代IMV開発）

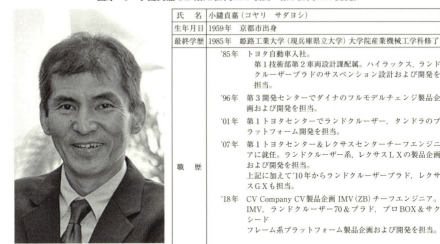

氏　名	小鑓貞嘉（コヤリ　サダヨシ）
生年月日	1959年　京都市出身
最終学歴	1985年　姫路工業大学（現兵庫県立大学）大学院産業機械工学科修了
職　歴	'85年　トヨタ自動車入社。 　　　　第1技術部第2車両設計課配属。ハイラックス、ランドクルーザープラドのサスペンション設計および開発を担当。 '96年　第3開発センターでダイナのフルモデルチェンジ製品企画および開発を担当。 '01年　第1トヨタセンターでランドクルーザー、タンドラのプラットフォーム開発を担当。 '07年　第1トヨタセンター＆レクサスセンターチーフエンジニアに就任。ランドクルーザー系、レクサスLXの製品企画および開発を担当。 　　　　上記に加えて'10年からランドクルーザープラド、レクサスGXも担当。 '18年　CV Company CV製品企画 IMV（ZB）チーフエンジニア。 　　　　IMV、ランドクルーザー70＆プラド、プロBOX＆サクシード 　　　　フレーム系プラットフォーム製品企画および開発を担当。 　　　　※会社生活33年間、一貫してフレーム車に関わる開発業務を手掛ける。 　　　　大学時代に自動車部で始めた国内ラリー競技の魅力にはまり、トヨタ自動車に入社後も含め17年間参戦。

（出所）図序-5〜8は、いずれも本人に提供して頂いた情報等をベースに筆者作成。細川氏と小鑓氏の写真は両氏提供、中嶋氏と前田氏の写真はトヨタ自動車ウェブページより。

義した。開発現場には「IMVはランクルを超える」「IMVはレクサスを目指す」などの指示が飛んだと言われる。新興国とはいえ，IMVの価格帯でグローバルモデルと競争するとなれば，こうした再定義はIMVのコンセプトとして不可欠であった。

中嶋ZBは，細川ZBと同様に，引き続き製品企画本部に属していたが，中嶋CE自身がその副本部長を兼任しており，かつ常務理事（のちに常務役員）も兼任した。コーポレートの執行部門と製品開発の実務部門が中嶋氏を通じて一体化したのである。

初代IMVがレジェンドとなるほどの成功を収めたことに加え，中嶋CEがコーポレート側にも籍を置いたため，ZおよびCEの役割と権限は細川CEの時代と全く変わらなかったとはいえ，トヨタのラインナップ構成を変えるような「IMVはランクルを超える」「IMVはレクサスを目指す」などのコンセプトを推進することもできた。

2013年から第1トヨタ（先進国車），第2トヨタ（新興国車）にビジネスユニットが分かれ，ZBが第2トヨタに括られた後も，ランクル，レクサスを目指すという先進国志向のコンセプトが変わることはなかった。

このように，中嶋ZBは社内に対してもアグレッシブなスタンスをとりながら開発を推進していった。第2世代IMVの開発を完了して2016年の人事異動で前田CEに交代した後は，CVカンパニーのナンバー2，EVPに就任し，コーポレート側から新興国車開発を推進した。

第2節　高価格帯での持続的イノベーション：カンパニー制で決定迅速化

2-1　3代目前田昌彦CEとカンパニー制

前田CEに交代する2016年の4月に，トヨタ全体が7つのカンパニーに分かれるカンパニー制に移行した。カンパニー制は，トヨタの組織を機能別（車両カンパニーではさらに製品別）に括るカンパニーを新設する組織改革である。図

第2節　高価格帯での持続的イノベーション：カンパニー制で決定迅速化　15

図序-9　カンパニー制導入後の組織の括り

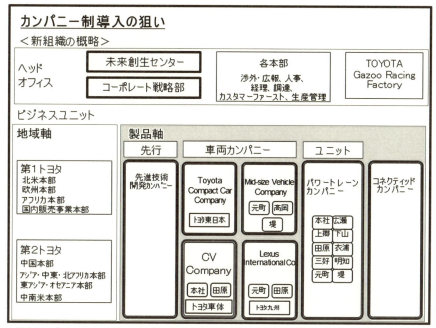

(注) 2016年4月のカンパニー制導入時点の組織図。2017年1月に8番目 (車両カンパニーとしては5番目) のカンパニーとして新興国小型車カンパニーが設立されている。
(出所) トヨタ自動車広報部資料，http://newsroom.toyota.co.jp/en/detail/14604354

序-9のとおり，全社経営計画を括る「ヘッドオフィス」の下にユニット開発・生産を括る①「パワートレーン」，先進技術開発を括る②「先進技術開発」と③「コネクティッド」，④製品企画から車両生産までを一気通貫で括る「車両」，の4カンパニーが新設された。

④の車両カンパニーには，④-1 トヨタ・コンパクトカー・カンパニー，④-2 ミッドサイズビークル・カンパニー，④-3 CVカンパニー，④-4 レクサス・カンパニーの4つのカンパニーが設立された。以上が7つのカンパニーである[17]。長年続いたすべてのZを括る組織「製品企画本部」が廃止され，Zは車両カンパニー内の4つのカンパニーに分かれて所属することになった。IMVのZBはCVカンパニー[18]の所属である。

すべてのZを括る本部長から4カンパニーのプレジデントに括りが分散さ

れ，プレジデントに専務役員を配置することで，各カンパニーの意思決定は，「商品化決定会議」を除いて，各カンパニーで完結することになった。これにより，意思決定の迅速化が進むと見込まれている。

他方で，Ｚの役割と機能は何も変わっていない。とはいえ，カンパニー内完結でCEの意思決定が従来よりも迅速に最終決定になるという意味では，Ｚ－CEの権限がより強化され，Ｚ－CEの自由裁量の余地が拡大したとも言えよう。

以下，CVカンパニーの増井敬二プレジデント（トヨタ自動車専務役員）の説明[19]をみていこう。

カンパニー制で迅速化されたＺ決定

各車両カンパニーが一気通貫する機能は，商品企画，製品企画，シャシ開発，デザイン・車両開発，調達・生管，生技，車両生産（以上，図序－10の左側

図序－10　機能とカンパニー

カンパニー制導入の狙い		
企画〜生産『一気通貫』		
	国内生産車種	海外生産車種
全社経営計画	ヘッドオフィス	
ユニット開発・生産	パワートレーンカンパニー	
先進技術開発	先進技術開発／コネクティドカンパニー	
商品企画	車両カンパニー	
製品企画		
シャシ開発		
デザイン・車両開発		
調達・生管		
生技		
車両生産		
販売	第1トヨタ・第2トヨタ	

（出所）トヨタ自動車広報部資料。

背景アミ掛け部分)であり，製品軸(製品の開発と生産)に関係する全機能が各車両カンパニーに括られた。

各車両カンパニーにはチェアマン(C)，プレジデント(P)，エグゼクティブバイスプレジデント(EVP)三者によるボードが設置され，C，P，EVPの三者によるボードミーティングが製品に関する最終意思決定機関とされた。このため，Zが推進する車両開発も所属するカンパニーのボードミーティングで最終決定できるようになり，各機能の担当役員との承認手続きが不要になり，Zの製品企画・開発に関する決定が迅速化された。

Zと担当役員との会議体を設置して意思決定していた部分も車両の各カンパニーで完結

Zは製品企画会議で開発提案が承認されると，設計完了後に開かれる社長，役員を交えた商品化決定会議までZ単独で設計，原価企画，実験を進めることができる。しかし，実際には設備投資コストの大きな設計には生産技術や，その担当役員との協議(会議体)が必要になったり，部品を外注する場合に調達とのすり合わせが必要になるなど，時間のかかる事案も珍しくなかった。

それらが，カンパニー制導入で，車両の各カンパニーのボードミーティング決定で完了する。その分，Zの意思決定が迅速化する。

CVカンパニーでは会社を跨いだ意思決定も迅速化

上に述べたように，各車両カンパニーで商品企画から車両生産までの各「機能を跨いだ」意思決定が完結する。それに加えて，CVカンパニーではチェアマンがトヨタ車体(株)出身，プレジデントとEVPがトヨタ出身で「両社を跨いだ」意思決定もカンパニー内で完結する。

ZBの開発は，IMV5に関してはトヨタ車体が担当しているため，トヨタとトヨタ車体の両社での意思決定が必要な部分があった[20]。その部分がCVカンパニー内で完結することで，ZBの意思決定が迅速化するのである。

CVカンパニーの担当車両はトヨタ単独の世界販売（919万台）の3割（262万台）を占める

　CVカンパニーの担当は，車型としては小型バス，小型トラック，商用バン，トラック系乗用車（ピックアップ，SUV，ミニバン）である。具体的な車種は以下のとおりである。

　　小型バス：コースター，ハイエース
　　小型トラック：ランドクルーザー70，ダイナ/トヨエース
　　商用バン：プロボックス，サクシード
　　ピックアップ（フルサイズ）：タンドラ，タコマ
　　ピックアップ（小型）：ハイラックス（IMV1, 2, 3）
　　SUV：ランドクルーザー200，プラド，FJクルーザー，セコイア，フォーチュナー（IMV4），4ランナー
　　ミニバン：アルファード/ヴェルファイア，エスティマ，ヴォクシー/ノア/エスクァイア，シエナ，イノーバ（IMV5）

　これらCVカンパニー担当車両の2015年の世界販売は262万台に達し，トヨタ単独の世界販売総計919万台の約3割を占めている。利益率が高いとみられるトラック系乗用車IMVだけでも100万台に達しており，CVカンパニー担当車両がトヨタの収益の屋台骨を支えていると言えよう。

CVカンパニーと前田ZB

　カンパニー制導入で，すべてのZの所属先が製品企画本部から車両カンパニーのいずれかに変わった。CVカンパニー担当車両のZはすべてCVカンパニー所属となった。IMVのZ（ZB）の所属先もCVカンパニーである。

　フレーム系商品群のすべてがCVカンパニーに括られたことで，たとえば，フルサイズのトラック系乗用車（タンドラ，セコイア）と小型のIMVが一体的に，あるいはフレーム系商品群全体で，軽量化やTNGA[21]に関する革新技術を創造し，高効率に開発することが期待される。

　また，CVカンパニーの3人のボードメンバーの一人，EVPはZBの第2代CEであった中嶋裕樹氏であった。前田ZBは，CVカンパニーのボードと暗黙知も

含めて連携し，グローバルプレイヤーとの競争に適応する製品開発，商品強化を創造的，効率的に推進した．

2-2 前田ZBが直面した競争，規制，技術革新
（1）メルセデス参入で加速：小型トラック系乗用車のグローバル競争
2017年小型ピックアップでもメルセデスとの競争が始まる

2017年7月18日，南アフリカのケープタウンでメルセデス・ベンツXクラスが発表された．ベンツ初のピックアップトラックで，2017年に欧州で発売，2018年には南アフリカとオーストラリア，2019年にはブラジルやアルゼンチンなどの市場に投入される．トヨタIMVと同じく，北米や日本には投入されない[22]．

Xクラスは，最大積載量が1トンクラスの小型ピックアップトラックで，IMV3（ハイラックス・ダブルキャブ）と全く同一の車型である．

また，ドイツでのベース価格は，3万7294ユーロ（約480万円）でハイラックス・ダブルキャブと価格帯も同じである．

設計とデザインは，メルセデス・ベンツが行うが，日産の新型NP300ナバラと車台などの基本構造を共有する．Xクラスの生産は，日産NP300ナバラやルノー・アラスカンとともに，アルゼンチン・コルドバのルノー工場と，スペイン・バルセロナの日産工場で行われる．生産を新興国工場で行う点もIMVと同じである．

IMVが口火を切った小型トラック系乗用車のグローバル競争にベンツが加わる

1トンピックアップ（小型トラック系乗用車）にグローバルプレイヤーが本格参入したのは，2004年のトヨタIMVが最初である．トヨタがこのセグメントを新たに創造して100万台規模の成功を収めると，2010年にVWアマロックが新規参入し，2011年フォード・レンジャーがフルモデルチェンジで追随し，グローバルプレイヤー間の競争が本格化した．こうした変化に適応すべく，第2世代IMV（2015年）はアマロックとレンジャーを想定して開発された．

2014年には日産ナバラも投入され，これをベースに開発されたルノー・アラスカンが2016年，同じくナバラをベースにしたベンツXクラスが2017年に投入さ

れ小型トラック系乗用車を巡るグローバルプレイヤー間の競争が加速していった。

細川ZB時代の競争環境は，タイ，インドネシアのローカルプレイヤー（いすゞ等）との競争が中心であった。それが，中嶋ZB時代を経て前田ZB時代に入るとグローバルプレイヤー間の競争が中心となり，細川ZB時代とは競争環境（プレイヤー）が大きく様変わりした。

前田ZBが直面した競争環境〜ベンツも含めたグローバルプレイヤー間競争，新興国車にも欧州基準の規制対応競争〜

中嶋ZBと前田ZBとを競争環境という視点で比べると，グローバルプレイヤーどうしの競争という点では同じだが，日産，ルノー，ベンツと市場参加者が増え，特にベンツの参入によって，ピックアップに求められる快適性が高級乗用車メルセデス・ベンツの基準に変わったことが大きな違いである。第2世代IMVのマイナーチェンジは，ベンツ基準の快適性を想定せざるをえないだろう。

さらに，「はじめに」でも述べたとおり，先進国では需要の少ない1トンピックアップだが，欧州では需要がある。このため，ベンツXクラスも欧州から投入されるし，トヨタの新興国車IMVも欧州には投入されている。フォード・レンジャー，VWアマロックも同様である。

その欧州では，英仏が2040年までに内燃機関を動力源とする車の販売を禁止する。AIを活用した自動運転の導入も世界に先駆けて数年先に迫っている。ピックアップを初めとするトラック系乗用車も例外ではない。この動きは早晩新興国にも広がるだろう。

以上のように，前田ZBが直面した競争環境は，トラック系乗用車を巡る①ベンツも含めたグローバルプレイヤー間の競争，②新興国車にも欧州基準の規制対応が求められる競争であった。

（2）グローバル競争で進むトラック系乗用車の市場適応とIMV

グローバル共通の要素とローカルに必要な要素

主に新興国を想定して開発される小型トラック系乗用車[23]（ピックアップ，SUV，ミニバン）に求められる要素（仕様，性能）を，グローバルベストとローカルベストに大別して構想したのがトヨタZBの初代CE細川薫氏である。細

川CEは新興国向けトラック系乗用車に求められるグローバルベストとして悪路走破性，堅牢性を挙げていた。

中嶋裕樹・第2代CEは，小型トラック系乗用車にグローバルプレイヤーが本格参入してきたことに対応して「タフの再定義」を打ち出した。第1世代IMVの悪路走破性，堅牢性を引き継いだうえで，200～400万円という価格帯に見合った乗用車並みの快適性をタフの要素として「再定義」したのである。

前田昌彦・第3代CEは，細川，中嶋両CEの直属の部下であり，両CEのコンセプトを十分に理解しているだろう。しかし，日産，ルノーに次いでベンツまでもトラック系乗用車に参入し，たんに乗用車並みの快適性というだけでなく高級乗用車並みの快適性，ブランド価値が求められる競争環境に変化している。

とはいえ，主に新興国向けのトラック系乗用車であることに変わりなく，悪路走破性，堅牢性，トーイング性能～タフのシンボルとなる要素～に一層磨きをかける必要があろう。多様なサフィックスで各国の細かなニーズに対応することも引き続き必要だろう。しかしそれに加えて，欧州基準での燃費・排ガス規制対応，自動運転など先端技術への対応に迫られよう。

以下，こうした競争環境の変化を念頭に置きながら，前田ZB以降のトラック系乗用車を巡る競争で重要と思われる項目を列記しておく。

タフを数値で表現するトーイング性能

トヨタIMVは初代細川CEの時代から悪路走破性，堅牢性（壊れない）を最重要のコンセプトとしてきた。これは「タフの再定義」を打ち出した中嶋CEにも継承されている。前田CE，小鑓CEも継承するであろう。

こうした「タフ」のイメージを数値で表現するのがトーイング（牽引）性能（何トンまで牽引できるか）である。以下，タフのシンボルであるトーイングに焦点をあてて，トラック系乗用車を巡る競争の現状について見ていく。

3.5トンの牽引能力が標準のトーイング性能

トーイングは，日本では馴染みが薄いが，グローバルにみるとフレームシャシのトラック系乗用車（ピックアップトラックやSUV）の標準的な機能である。

トーイングtowingとは，牽引のことである。日本では故障車の牽引が思い

浮かぶくらいだが，新興国では主に南米，アフリカで，先進国でも北米，欧州では，農業用の飼料，機材運搬に用いられるトレーラーカーゴ，富裕層のヨット，トレーラーハウスの牽引など，ワークでもプライベートでもトーイングが広く定着している。「東南アジアと中近東以外は全部，南半球はすべて引く」（前田CE）と言えるほどである。

IMVをはじめ，ほとんどの1トンピックアップは3.5トンのトーイング能力をカタログで誇示している[24]。3.5トンのトーイング性能は，カタログでは完全に各車横並びである[25]。

IMVの場合，ワークとプライベートを併せると，ピックアップとSUVの3〜4割がトーイングにも利用されている。このため，IMVは一定のトーイング能力を前提に設計されている。車両本体の重量に積載重量と乗員重量を加えてさらに，3.5トンのカーゴの牽引となると，平坦な道を走るだけでも負荷が大きい。

そのため，フレームの強度や剛性を3.5トンの牽引に耐えられる設計にするのはもちろんだが，トラック系乗用車のフレームシャシは，もともとある程度，それに耐えられる設計になっている。トーイング性能を左右する開発課題は，高い外気温，上り坂などの悪条件でも対応できるラジエーター設計である。トーイングでは，ラジエーター負荷が非常に高くなる状況が珍しくない。たとえば，重量物を牽引しながらの上り坂である。エンジン負荷が高まり発熱が増えるうえに，速度が下がりラジエーターへの送風が弱まる。外気温が高い昼間の時間帯にそうなることも多い。そのような場合でも問題なく冷却できるラジエーター設計が必要である。

1トンピックアップでは，トーイング性能がタフの象徴でもある。そのため，各車横並びの3.5トンを確保することが最低限の開発課題だが，カタログスペックだけでなく，それを実際にも余裕でこなすトーイング性能がユーザーの期待するところである。3.5トン横並びの背後で静かな開発競争が繰り広げられている。次に，国別，地域別に異なる市場環境（ニーズ，税制，規制）への対応を巡る競争について見ていこう。

トヨタIMVは国別，地域別のニーズ，税制，規制の違いに細かく対応

グローバルプレイヤーがグローバルモデルで競争する場合，需要のあるすべ

ての国，地域が競争の舞台になる。とはいえ，小型トラック系乗用車の需要は，消費者の好み，税制，規制の違いに応じて，ピックアップトラック，SUV，ミニバンに分かれる。また，同じピックアップでも，シングルキャブ（1列シート2人乗り），エクストラキャブ（1列目プラス客貨両用2列目），ダブルキャブ（乗用車と同じ2列シート5人乗り）に分かれる。

　トヨタIMVは，そのすべての車型をラインナップしており，幅広い需要に対応している。他方でベンツXクラスのようにピックアップトラックのみをラインナップするメーカーもある。その中間にVWのようにピックアップのみだがシングルとダブルをラインナップするメーカー，フォードのようにピックアップ3車型のすべてをラインナップするメーカーなどがある。車型としてはトヨタが最も細かく対応している。

エクストラキャブは税制対応で設定

　1トンピックアップには前列（運転席と助手席）の後ろに客貨両用の一列があるエクストラキャブの設定がある。トヨタIMV（ハイラックス）スマートキャブ（タイでの呼称），フォード・レンジャー・オープンキャブ，日産NP300ナバラ・キングキャブなどである。

　エクストラキャブのうち，ハイラックスとナバラにはシングルキャブと同じ2ドアの他に，小型のアクセスドアを持つモデルもある。

　タイ，フランスなどではエクストラキャブの税率がダブルキャブより安い。アクセスドア付きでも同様である。エクストラキャブは，2＋2乗車が可能でアクセスドアがあれば実質4ドアで，税率が低いお陰で価格が安い。エクストラキャブの人気が高い所以である。特にフランスではエクストラキャブがダブルキャブより大幅に需要が大きい。タイではダブルキャブの方が需要が大きいが，エクストラキャブにも根強い人気がある。税制対応でエクストラキャブも設定しているトヨタ，フォード，日産は適応度が高い。

トヨタは豊富なサフィックス設定で需要創造／需要対応

　以上，車型による市場ニーズ適応についてみてきた。トヨタの場合，車型に加えて，サフィックスの設定も幅広い。IMV全体では1050，欧州向けIMVだ

けでも229ものサフィックスが設定されている[26]。そこで次に，サフィックスによる市場環境適応を巡る競争について見ていこう。

　先進国では車型（セダン，クーペ，ハッチバック，ミニバン，SUVなど）を選択できる[27]だけでなく，「オプション」でさまざまな追加装備を選択できるようになっている。

　これに対して新興国では，表面上は先進国のオプションと同様に顧客が装備を追加選択できるようになっているが，先進国のように追加装備を単品で選択できる訳ではなく，複数の追加装備の組み合わせを選択する「サフィックス」という方式が取られている。たとえば，以下のとおりである。

　ハンドルに（A）ウレタン製と（B）革巻きがあり，ホイルに（a）スチールと（b）アルミの選択肢がある場合，先進国ならハンドル，ホイルの選択肢をそれぞれ独立に自由に選べる。しかし，新興国では，たとえば，ウレタン製ハンドルはスチールホイルのセットで，革巻きハンドルはアルミホイルのセットでしか選べない，というのがサフィックスである。この場合，革巻きハンドルにスチールホイルの組み合わせは選べない。

なぜ新興国の追加装備対応はオプション方式でなくサフィックス方式なのか

　この「サフィックス」方式は，1990年代頃までほとんどの新興国で行われていたKD生産に起源がある。先進国ではすべての部品を国内調達できるのに対して，新興国では少なくとも1990年代頃までは多くの部品を輸入する必要があった。このため，現地で調達できない部品を一台分まとめて（梱包して）輸入するKD生産が行われていた。KDはKnock Downの略で，完成車を分解した状態で一台分ずつ梱包（パック）することである。このKDパックの状態で一台分まとめて部品が輸入されるため，オプションの選択肢がパックの中身に限定された。追加装備の選択肢はKDパックの種類を増やすことである程度増やせたが，限られた選択肢しか設定できなかった。これがKD生産を行っていた多くの新興国でサフィックス方式が行われる起源である。

　20世紀末から21世紀にかけて新興国でも主力車種では部品国産化が進んだため，現在ではKDパックの制約はほぼ解消している。しかし，オプションの選択肢を増やすと生産の複雑性が高まるため，KDパックの制約が小さくなっ

た現在もサフィックス方式が継続されている。

　トヨタIMVは全世界で1050（2010年現在）ものサフィックスを設定して追加装備を可能な限り自由に選択できるようにして多様なニーズに対応している。サフィックスの設定が多いのは，タイのTMTサムロン工場224，南アフリカのTSAMダーバン工場403，アルゼンチンTASAザラテ工場158などである。

　新興国でKD生産を行っていたのは，どのグローバルプレイヤーも同様であるため，トヨタ以外も追加装備の選択はオプションでなくサフィックスとみられる。ユーザーニーズへの細かな適応を巡る競争はサフィックスの種類を巡って行われていると考えられる。

排ガス規制，燃費規制，自動運転

　1トンピックアップの主な市場は新興国であるが，既にみたように欧州にも市場がある。このため，トヨタIMV（ハイラックス）をはじめ，フォード・レンジャー，VWアマロックなど主なモデルは欧州にも投入されている。ベンツは新型ピックアップのXクラスを新興国に先駆けて欧州に投入する。

　このため世界の他地域に先駆けて欧州で進む排ガス規制，燃費規制などは，欧州の進度に合わせて1トンピックアップでも対応する必要がある。また，英仏の2040年内燃機関車販売禁止を想定して開発を進める必要もあろう。

　自動運転等のAIを利用した先進技術も，欧州を含む先進国では新興国に先行して導入が進む。1トンピックアップでも対応が迫られるだろう。

　こうした規制対応，先進技術対応を巡るグローバルプレイヤー間の競争は開発レベルでは既に始まっているだろう。この競争により1トンピックアップも規制環境，先進技術環境への適応が進んでいくとみられる。

2-3　日本市場向けIMVの開発・投入

　2017年9月に日本市場向けのIMV3，ハイラックス・ダブルキャブが発表され，10月から納車が始まった[28]。2004年に日本市場での販売が打ち切られて以来，十数年ぶりの再投入である[29]。

　IMVは新興国車として開発されたため，初代から米国，日本には投入されて

いなかった。欧州では，英仏などを中心に年間数万台ほどが販売されていたが，グローバルには年間100万台の販売の大半は新興国であった。そのIMVが先進国に，しかも日本市場に再投入された。

再投入の目的は，2004年に打ち切られるまで販売されていた6代目ハイラックスの買い替え需要への対応である。トヨタの推計では，約9000人の旧型ハイラックスのオーナーが残っており，代わりのハイラックスを求める声が強かった。その多くが北海道在住で，農業をはじめとする商用目的で利用しているユーザーであった。農業用に利用しているユーザーの多くは，自宅に農機具用の軽油タンクを設置していることが多く，「ガソリン車では話にならない」，「ディーゼル車が必要」というユーザーであった。そのニーズに対応するには，日本の排ガス規制に対応できるクリーンディーゼルの開発が必要で，日本と同様に排ガス規制が厳しい欧州向けの開発も睨みながら，対応できるタイミングが今回のタイミングだったため，十数年ぶりの再投入となった[30]。

こうした商用目的での買い替え需要対応の他に，自動車でライフスタイルを表現したいという新たな購買層のニーズへの対応も，このタイミングでの再投入の動機となった。そのきっかけは，2014年から15年にかけて1年限定で再発売されたランクル70（ランドクルーザー70シリーズ）の成功である。ランクル70は1984年に日本国内での販売を開始し30年にわたり販売を続けていたが，当時のディーゼルでは日本のガス規制に対応できなくなったため，6代目ハイラックスと同じ2004年に日本での販売が打ち切られていた。再発売されたランクル70は，エンジンをガソリンエンジン（V6・4.0Lの1GR-FEエンジン）にして規制をクリアした。とは言え，1ナンバーで毎年車検があり，高速道路の土日割引も適用されないなどがあったため，トヨタの営業サイドは，1年限定の再発売期間全体で1500台が精々だ，1000台が精々だという見方だったと言われるが，蓋を開けてみると8000台近く（7700台）が販売された。この結果について，ZBの前田CEは次のように述べている。

「今のお客様ってやっぱり本物観だとか，自分にしかないものだとか，自分のライフスタイルを表現するものとしての車っていうのを欲しがっている人がそれなりにいらっしゃるということが分かった」[31]

第2節　高価格帯での持続的イノベーション：カンパニー制で決定迅速化　27

　ランクル70の予想外の成功がハイラックス日本国内再投入につながったことについては，次のように述べている。

「今回のHiluxというのもグローバルで見ればスタンダードカーですよ，ピックアップというのは。トヨタで見ても年間100万台近く売る車って他にありますかというと，そうそうあるわけでもない。でもグローバルで見ればピックアップだけでも50万台とか70万台[32]とか売れるわけですね。
　だからそういうグローバルスタンダードの要素を持ったものを日本でも改めて，えっこんな車があるんだという形で，特にライフスタイルがアクティブな人達ですよね。例えばデッキに自転車を積みますとか，ワークで使う農機具を積みますとか，撃った鹿を荷台に積みますとか，そういう人達ではなくて，実際に何て言いますかね，遊び道具だとか自分の生活を彩るためのものを積むような，まさにグローバルで持っているピックアップのライフスタイルと同じような生活感を持たれている方々が結構，日本にもいらっしゃったりだとか，やっぱりピックアップというのはファッションですと。僕も昔乗っていたんですけれども，とにかく簡単に言うとカッコいいよねピックアップってというような，そういう層の方に対してもランクルの70がきっかけになったように，ニーズがかなり急浮上している。昨今のSUVブームみたいなところも含めてですね，SUVの一つの形としてピックアップというものを嗜好される方がいらっしゃるのじゃないかと。
　お待ちいただいている保有の方々と，あと単にそういうファッションとしてピックアップに乗られる方も両方取り込めたらなということで国内に復活させている，というのが結構大きいですね」

　実際に，ハイラックスの販売は予想以上に好調で，初年度2000台の予想（計画台数）に対して，2017年9月の発表から11月までの2カ月余りで4000台の受注があり，納車まで1年待ちとなっていた。ランクル70と同様に，1ナンバーで毎年車検があり，高速道路の土日割引も適用されないにもかかわらず，である。

しかも，販売の85％はプライベート用の乗用設定のグレードであった。日本市場に投入されたモデルには，商用グレードとプライベート用の乗用グレードの二つのグレード設定があり，後者が販売の大半を占めた。さらに，地域別の販売ランキングは，愛知，東京，神奈川，千葉，埼玉の順で都市部に集中している。北海道の農業用の買い替えは，それに比べると少なかった。

男女比で見ると，女性の割合が6％であった。前田CEは，「びっくりするのは女性の比率が6％もいらっしゃる。僕からすると6％も，ですよ。0.1％ぐらいいるなら分かると。ピックアップに女性が乗るって一体どういうことなのか」，と述べている。全長5メートル以上のピックアップトラックを都市部の女性が購入している。自分のライフスタイルを表現するものとして車を選ぶニーズは，ベンツ，BMW，アウディなどの高級乗用車ではこれまでもあった。しかし，ピックアップトラックでアクティブなライフスタイルを表現するような新たなニーズが女性も含めて現れてきている。女性比率6％という数字は，そのことを象徴している。

順調に販売が推移すれば年間1万台に達する可能性もあり，前田CEも計画の見直しを検討している。ただ，日本投入モデルは全量タイ製であり，1万台となるとタイでの生産態勢の見直しも必要になる。今のところ，1万台までは達しないとの想定のようである。

日本に投入されたハイラックスは，日本の法規対応で直前直左ミラーをフェンダー上に付ける，日本のユーザーの好みに合わせて荷台の床をボデーの外板と同様に塗装するなど以外は，基本的にタイ市場向けと同じものである。このことは，新興国向けに開発されたIMVではあるが，先進国市場でも〜最も品質に敏感な日本市場のプライベート需要でも〜充分に対応できるレベルに仕上がっていることを示している[33]。新興国でも高価格帯では，このレベルの品質が求められる時代になっているとも言えよう。新興国の経済成長が続く限り，この傾向は強まっていくだろう。ベンツの1トンピックアップへの参入で，競争のレベルが先進国の高級乗用車のレベルまで上がることも予想される。さらに，2018年1月1日には，グローバルモデルであるランドクルーザーを担当するZJ1のCEだった小鑓貞嘉氏がZB第4代CEとして異動してきた。現行の第2世代IMVは2015年の投入から数年が経過しており，当面はマイナーチェンジ

の準備を始める時期である。とはいえ，それは第3世代IMVへのフルモデルチェンジに向けた商品企画も射程に入れて進められるだろう。少なくともマイナーチェンジは小鑓氏が担当するとみられる。

マイナーチェンジでは，フォード，VWに加えてベンツとの競争も念頭に置かねばならない。それだけに，中嶋，前田両CEの路線を引き継いで，価格帯に見合った高級乗用車としてのテイストを高める方向，中嶋氏の言う「ランクルを超える」方向，前田氏の言う「ライフスタイルを表現する」方向の延長線上が，今後のIMVの有力な針路となろう。高価格帯では，IMV以外に関しても，新興国に投入されているモデルは，同様の方向が有力と思われる。だとすれば，IMVに代表される高価格帯向けの新興国車は，20世紀に培われたトヨタの標準的な開発ルーチンで引き続き開発されるだろう。しかし，低価格帯向けはそうではない。以下，そのことをみていこう。

2-4 適応の限界と進化

トヨタの新興国市場急成長への適応は，大半の新興国で人口の1％未満と推定される高所得層にしか手が出ない300〜500万円という高価格帯に，新興国の道路事情，使用習慣，ニーズにマッチした堅牢性，悪路走破性と，高級乗用車の快適性を兼ね備えた小型[34]トラック系乗用車（ピックアップ，SUV，ミニバン）という新たなセグメントを創造して年間100万台という規模で大成功を収めた。それだけでも極めて高い適応度であるが，それだけではない。中国市場を除く[35]ほぼすべての新興国（170カ国余り）に小型トラック系乗用車のセグメントを創造して適応している。

それは，先進国を上回る新興国市場の急成長という世界自動車市場の大変動への見事な適応であったが，たんに市場環境変化に受動的に適応したのでなく，小型トラック系乗用車というセグメントを自ら新たに創造して適応するという能動的な適応であった。既存セグメントに適応したのでなく，新セグメントを自ら創造して新興国市場の急成長に適応したのである[36]。高価格帯に限定すれば，新興国市場の急成長に見事に適応したといえよう。

トヨタほどの適応度でも，競争環境はさらなる進化を求める

　しかし，新興国市場では，インド，ブラジルのように低価格小型乗用車のセグメントが大きな国もある。タイ，インドネシアのようにトラック系乗用車の市場が大きい国ばかりではない。このため，トヨタはタイ，インドネシアでは大きなシェアを獲得しているが，インド，ブラジルではトヨタ車全体で市場全体の数パーセントのシェアしか確保していない。この2カ国は自動車販売世界上位10カ国に入るほど急成長を遂げた国であり，トヨタはそこでの適応度が低い[37]。だが，低価格小型乗用車はCVカンパニーやそこに所属するZの担当ではない。CVカンパニー，ZBによる新興国市場適応の限界である。

　そこで，トヨタは第5の車両カンパニーとして，「新興国小型車カンパニー」を2017年1月に新設した。

　このカンパニーはトヨタの既存組織を括る器ではない。トヨタのさらなる新興国市場適応を進めるため，これまでのトヨタの基準，トヨタのルーチンとは異なる新たな基準，新たなルーチンを導入する，進化した組織である。

　以下，第1章から第5章にかけて，21世紀以降の主な新興国市場とトヨタの動向を分析して，新興国小型車カンパニーが創発されていくていくプロセスを明らかにしていく。まず第1章では，新興国のトヨタで唯一，開発の現地化が

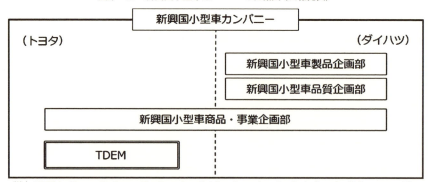

図序-11　新興国小型車カンパニーの組織図（広報発表）

（注）TDEM：Toyota Daihatsu Engineering & Manufacturing Co., Ltd. トヨタ ダイハツ エンジニアリング アンド マニュファクチャリング㈱
（出所）トヨタ自動車広報発表2016年12月15日付

進んでいるタイのトヨタを取り上げる。そこでは，新興国小型車カンパニーで開発の一部を担うTDEMの母体になったTMAP-EMに焦点をあて，トヨタの開発の現地化の到達点を明らかにする。第2章以降では，新興国高価格帯でのトヨタの成功と低価格帯での苦戦の実態を具体的に明らかにして，トヨタがクリステンセンの言うイノベータのジレンマに陥ったことを示す。そのうえで，トヨタの新たな新興国適応，すなわち，高価格帯に続いて低価格帯にも適応すべく（クリステンセンの言葉で言えば，イノベータのジレンマを克服すべく）登場した「新興国小型車カンパニー」について，終章で詳しく分析する。まず，タイにおけるトヨタの開発現地化の現状からみていこう。

[注]
1) 本章と終章は，トヨタ自動車株式会社ミッドサイズビークル・カンパニー・エグゼクティブバイスプレジデントの中嶋裕樹氏（取材時はZB第2代CE）に対するインタビュー（中嶋裕樹（2015）），トヨタ自動車株式会社新興国小型車カンパニー・プレジデントの前田昌彦氏（取材時はZB第3代CE）に対するインタビュー（前田昌彦（2016）（2017a）（2017b）），ダイハツ工業株式会社関係者に対するインタビュー，および，野村俊郎（2015a）（2017b）をベースに作成した。本章の記述は特に断りの無い限り，それらに基づくものである。インタビュー等の詳細については巻末を参照されたい。
2) トラック系乗用車はフレームシャシをベースにアッパーボデーにピックアップトラック，SUV，ミニバンを架装した乗用車。北米などの「フルサイズ」と東南アジアなどの「小型」がある。統計上は「フルサイズ」「小型」ともにLCV（Light Commercial Vehicle 小型商用車）に分類されるが，使用実態はLCVも客貨両用，または乗用専用のため，本書ではLCVではなくトラック系乗用車を用いる。
　なお，IMV（ハイラックス）の全長は5,335mmと5メートルを超えており，5メートル以内（4,950mm）に収まっているランドクルーザーより長い。フォード・レンジャー，VWアマロックも全長5メートルを超えており，「小型」と言うには大き過ぎる。とはいえ，北米などで主流の「フルサイズ」は6メートル前後あり，それに比べると「小型」のため，本書では小型トラック系乗用車と呼んでいる。
3) 1トンピックアップは積載重量1トン程度の小型トラック。
4) トラック，バスを除く乗用車市場でのシェア。
5) 新興国では高価格帯，低価格帯ともにメーカー間の競争が激化しているが，競争に参加しているのはトヨタ，VW，ルノー日産など，少数の巨大企業のみである。新興国では，アメリカでテスラが起業したような新規参入はみられない。全世界で年間1000万台以上を販売するトヨタ，VW，ルノー日産をはじめとして，全世界で年間数百万台を販売するGM，フォード，PSA，ベンツ，BMW，ホンダ，スズキ，現代などのグローバルプレイヤーと，インドのタタ，マヒンドラなどの数百万台規模のローカルプレイヤーだけが競争する独占的競争が激化している。
6) インド，ブラジルの自動車市場規模は世界上位10カ国に入っており，インドネシアは上位20カ国に入っている。インド，ブラジルの詳細については野村俊郎（2017a），インドネシアの詳細については（2017b）を参照されたい。なお，ブラジルの低価格車とインドネシアの低価格車の違いは次のとおりである。ブラジルを代表する低価格車のVWゴルは，オリジナルのゴルフをスペックダウンした安物感満点のモデルで，政府のインセンティブ無しで100万円を達成している。インドネシアのLCGCは，安物感は全くない代わりにインセンティブでギリギリ100万円を達成している。
7) 「ルーチン」は「日常的に繰り返される業務」のことだが，本書では生物の種の進化を司る「遺伝子」

をイメージして用いている。生物の「遺伝子」は，種に固有の表現型，行動を生み出し，遺伝子が変異するとそれらが変化し，環境に淘汰されて生き残ると新たな表現型，行動として固定される（進化する）。それと同様に，企業の「ルーチン」は，その企業の同じ機能を持った組織に共通する固有の活動様式であり，自動車メーカーであれば担当する車種が変わっても変わらない。トヨタの開発組織Zは開発する車種が異なっても同じルーチンで開発を進める。また，生物の遺伝子が長期にわたって「保持」されるのと同様に，企業のルーチンも長期にわたって変わらない。トヨタの新興国対応も高価格帯のIMVではトヨタのルーチンで開発，製造，調達が行われた。しかし，生物では偶然の遺伝子変異が環境に淘汰されて進化をもたらすのと同様に，企業の場合も偶然のきっかけで生じたルーチンの変異が累積して（創発して）新たなルーチンが生まれることがある。本章で取り上げる「新興国小型車カンパニー」はそうした新たなルーチン誕生の事例である。なお，「新興国小型車カンパニー」のルーチンも含めて，ルーチンに関して詳しくは，終章を参照されたい。

8) 野村俊郎（2015a）（2015b）。
9) 野村俊郎（2017a）（2017b）。
10) トヨタに固有のモノづくりのやり方，主に開発，製造，調達の三つの分野からなる自動車生産のやり方が，トヨタ式とダイハツ式に二重化したのである。これを本書ではデュアルルーチンと呼んでいる。詳しくは終章を参照されたい。
11) 2016年にVWグループに抜かれ第2位に，2017年にはルノー・日産・三菱アライアンスにも抜かれ第3位に後退したが，1000万台を超えるレベルで数十万台程度の僅差である。利益では一貫してトヨタグループが圧倒的に世界第1位を続けている。
12) IMFはWorld Economic Outlook Databaseにおいて，独自の基準で，世界をAdvanced economies（39カ国）とEmerging market and developing economies（153カ国）に分けている。また，World BankはGNI per capitaを基準に世界をHIGH-INCOME ECONOMIES（$12,236以上，78カ国），UPPER-MIDDLE-INCOME ECONOMIES（$3,956以上$12,235以下，56カ国），LOWER-MIDDLE-INCOME ECONOMIES（$1,006以上$3,955以下，53カ国），LOW-INCOME ECONOMIES（$1,005以下，31カ国）に分けている。この他にも国連の基準などもあり，先進国と新興国に関する統一された定義，分類基準は未だない。そこで本章では，IMFのAdvanced economiesとWorld BankのHIGH-INCOME ECONOMIESを先進国，その他を新興国とみなして，世界自動車販売上位20カ国を分類している。
13) 2016年だけ見ると，タイは100万台を下回っているが2012年と2013年は100万台を上回っていた（それぞれ1,423,580台と1,330,672台）。アルゼンチンも同様に100万台を下回っているが2013年には100万台近く（963,917台）に達していた。両国ともに，ここでは「100万台を超えている」国とみなしている。
14) トヨタでは車種ごとに任命されるCEと，同じく車種ごとに設置されるZに，開発の日常業務における最終決定権が与えられている。CEとZは開発，実験，原価企画の各部門を統括し，製造，生産技術，調達の各部門や外注部品メーカーと擦り合わせ（CE，Zによる各部門の横串）を行う。CEとZは製品開発，製品イノベーションの核心である。
15) VWアマロックの新規投入（2010年）は初代IMVの1回目のマイナーチェンジ（2008年）が済んだ後，フォード・レンジャーのフルモデルチェンジ（2011年）はIMVの2回目のマイナーチェンジ（2011年）と同じ年であった。
16) 2017年9月27日付の筆者宛メール。
17) 車両カンパニー内の4カンパニーとパワートレーンのカンパニーは，AIと関係なくても車なら求められる「走る・曲がる・止まる」という領域，言い換えれば，AIと車が無縁だった時代から求められていた「重さの有る構造物としての車」に求められる領域，すなわち「AIの外」にある領域での他社との競争を主として担っている。ここでの競争は主としてエボリューション（技術的に成熟

した領域での小進化)を巡る競争である。

　これに対して先進技術開発カンパニーは，燃料電池，EVを含む先行開発全般を担当しているが，自動運転との関連ではAIを活用して「走る・曲がる・止まる」を制御する車載OSなどの「制御系」の領域での他社との競争を，また，コネクティッドカンパニーは自動運転に必要な情報と車をつなぐ「情報系」の領域での他社との競争を，それぞれ担っている。これらの「制御系」，「情報系」での競争はGoogle-Nvidia陣営と対抗勢力との競争のようなレボリューション（それまでの競争のステージを変えるような革命的進化）を巡る競争である。

18) CVは，Commercial Vehicle（商用車）の略だが，後述のとおり，ワークユースのモデルだけでなく客貨両用または主に乗用のトラック系乗用車も含まれている。なお，トラック系乗用車はフレームシャシだが客貨両用，または乗用のモデルで，車型としてはピックアップトラック，SUV，ミニバンがある。モデルとしては小型のIMV（1トンピックアップのハイラックス，SUVのフォーチュナー，ミニバンのイノーバ）と，北米向けフルサイズのタンドラ（ピックアップ），セコイア（ミニバン）などがある。

19) 増井敬二「新型コースター発表・CV Companyついて」2016年12月22日 http://newsroom.toyota.co.jp/en/detail/14604354

20) トヨタは乗用車に関しては社内で開発しているが，CVカンパニーが担当する商用車はトヨタ車体（株）が開発を担当しているモデルがあり，そのいずれでも会社を跨ぐ意思決定があった。なお，終章で分析する新興国小型車カンパニーが担当する乗用車はダイハツの担当であり，そこにも会社を跨ぐ意思決定があるが，カンパニー制が導入されているので，同様にカンパニー内で完結している。

21) Toyota New Global Architecture（トヨタ・ニュー・グローバル・アーキテクチャー）の略称。これまでプラットフォームごとに異なっていたコンポーネント（エンジン，ミッションなど多数の部品で構成された部品）を異なるプラットフォーム間でも共通化して進める開発手法。2015年12月投入のプリウスから部分的に導入され始め，2017年7月投入のカムリではすべてのコンポーネントがTNGA化（フルTNGA化）された。ただし，プラットフォームごとに異なるZが主導して開発することに変わりはない。

22) 2017年7月のXクラス発表時点。同年9月にIMVは日本市場に投入された。

23) 小型トラック系乗用車は業界団体や民間調査機関のレポートではLCV（Light Commercial Vehicle 小型商用車）に分類されている。トラックは米国のDepartment of Transportation's Federal Highway Administration（FHWA）が車両総重量を基準にLight，Medium，Heavyに分類している。また，自動車を乗用と商用に分類し，商用車を税制上優遇している国もある。LCVは米国基準のLight Truckで，国によっては商用車に分類されているトラックのことである。ただ，LCVは商用車といっても，商用専用のMedium TruckやHeavy Truckと異なり，「客貨両用」か「乗用車」として使用されているのが実態である。本書では，そのことを考慮して，LCVを「トラック系乗用車」と呼び，北米に多い全長6メートル程度のタイプを「フルサイズ」，新興国に多い全長5メートル程度のタイプを「小型」と呼んでいる。

24) IMVのフレームシャシにはピックアップとSUVに使われる「高床」とミニバンに使われる「低床」の2種類がある。トーイング性能3.5トンは「高床」で，「低床」は750キロ～1トン程度である。

25) 北米のフルサイズピックアップでは6トンのトーイング能力が標準である。

26) トヨタの場合，サフィックスは販売先現地の営業が設定している。開発の仕事は選択肢を用意するところまでである。すなわち，基本型式は開発が設定するが，当該国で何を装備するかの選択肢は営業のリクエストで決まる。営業のリクエストに応じて，工場が作る追加装備の種類が決まるのである。サフィックスの選択肢は，お客様に一番近い営業が決定権を持つ，適切なニーズ対応と言えよう。

　ただし，サフィックスの設定は無限に可能な訳ではなく，効率と販売仕様のバランスポイントで

実績的上限が決まっている。営業は販売の実績台数が分かっているので、サフィックスの実績的上限が見えている。その上限内で営業が要望するので、開発はサフィックスの設定（組み合わせ）に介入する必要がない。とはいえ、サフィックスの種類が工場のオペレーションの限界を超えた場合、たとえば、ワイヤーハーネスの種類が増えすぎた場合には開発が介入することがある。

なお、ここで言う「営業」は各国の営業であるが、その要望は地域ごとに地域統括会社に集約されたうえで、国ごとのサフィックスが設定されている。欧州各国のサフィックスはTME（Toyota Motor Europa）が、アジア各国はTMAP（Toyota Motor Asia Pacific）が、北米はTMA（Toyota Motor North America）が、それぞれ各国のサフィックス設定を決めている。

27) 現代の車両開発では、プラットフォーム（シャシ、エンジン、ミッション、サスペンション等）を共通化してアッパーボディを差別化（違う形にする）開発が主流である。メーカーの開発部門の目線で見ると、ユーザーは共通プラットフォームから好みの車型を選んでいる。しかし、ユーザーは、一般にこのことを知らないため、同じプラットフォームの中から車型を選択しているという意識を持たないのが普通であろう。

28) 日本に投入されたのはハイラックスだけで、フォーチュナーとイノーバは投入されなかった。過去から現在に至るまで、日本に投入されたことがあるのはハイラックスだけである。

29) 2004年に日本で打ち切られたハイラックスは初代から数えて6代目、日本での打ち切りと同時に新興国車IMVの1モデルとして発売されたハイラックスが7代目、その新興国車IMVが2015年にフルモデルチェンジしてハイラックスも8代目となった。したがって、日本市場では7代目を飛ばして8代目が投入されたことになる。8代目ハイラックスへの切り替えは、日本以外ではほとんどの国で完了しているので、日本への投入は最も遅いタイミングである。

30) 欧州規制にも対応できるクリーンディーゼルが開発されたため、ガソリンエンジンで日本に再投入されたランクル70と異なり、ハイラックスはディーゼルで日本に再投入された。

31) 2017年12月のインタビュー、前田昌彦（2017）。以下、同じ。

32) IMV全体ではグローバルで年間100万台程度の販売がある。ピックアップトラック（IMV1～3）に限定するとこれくらいの台数ということである。

33) ただし、エンジンはディーゼルのみで、他の新興国向けIMVと同様にハイブリッド、プラグインハイブリッドは設定されていない。また、運転支援、自動運転の設定もない。

34) 全長6メートルを超える北米の「フルサイズ」と比較して「小型」という意味である。トヨタIMV、フォード・レンジャー、VWアマロックのいずれも5メートルを超える巨体であり、いわゆる小型車ではない。本書「はじめに」も参照。

35) 中国市場のみ、新興国では例外的に小型トラック系乗用車に市場性がなく、新セグメント創造に成功していない。

36) 「個別資本」としてのトヨタは、合目的的に（目的合理的に）「外的環境、外的条件をも自ら生み出していく資本」である。すなわち、与えられた環境・条件の中で活動するだけでなく、自らの外部にある環境や条件すら自ら創造していく「主体」である。トヨタはこのような「個別資本」として、VW、GMなどの他の「個別資本」と競争している。ただし、外的環境、外的条件を生み出していくプロセスには、資本の合目的性だけでなく、偶然性、創発性も強く働いている。トヨタの合目的性は偶然性との相互作用の中で発揮されるため、その相互作用が累積して（創発して）、想定外の結果が生まれることも珍しくない。トヨタの活動は、高度に合目的的（目的合理的）だが、そのプロセスと結果は「瓢箪から駒」「怪我の功名」という面も強い。資本の「合目的性」についてはヘーゲル論理学研究会（1991）、「創発性」については藤本隆宏（1997）を参照されたい。

37) 本書第3章、第4章を参照。

第1章

タイにおけるトヨタの製品開発能力構築
～TDEMは新興国小型車開発の母体に成りうるか～

第1節　本章の考察対象と項目

　本章では，2017年にTDEMに社名変更する前の組織であるTMAP-EM[1]への開発能力移転（日本の開発組織ZからタイのTMAP-EMへの移転）の経緯を分析することで，新興国小型車カンパニーの開発実務組織の一方であるTDEMの開発ルーチンについて明らかにする[2]。TDEMの開発ルーチンを直接分析するのでなく，TMAP-EMのそれを分析するのは，①TDEMの開発動向が未だ外部に公表されていないためだが，②TDEMはTMAP-EMの名称が変更されただけでトヨタ自動車の100％出資子会社であることに変わりはなく，組織もそのままTDEMに継承しているとみられる[3]ためである。すなわち，TMAP-EMの分析でTDEMの分析に代えられると推測できるからである。
　また，第2章以降で，「開発組織のルーチンと市場適応度」という本書のテーマを各国別に分析していくが，各章で主に分析されるのはIMVの市場適応度である。IMVの開発組織はZBであり，ZBの開発ルーチンは前著（野村俊郎(2015)）で詳細に分析済のため，前著を前提に第2章以降を展開できる。ただ，IMVの開発は日本のZBだけでなくタイのTMAP-EMも一部を分担しており，後者に関しては未だ分析できていない。そのため，第2章以降の展開の前提としても，TMAP-EMの開発ルーチン（主にZBとの分担関係）を分析しておく必要がある。
　なお，TMAP-EMはIMVの他にカローラとヴィオスも開発していたが，IMVの開発が本体設計の一部の分担であったのに対して，カローラとヴィオスの開発はグローバルモデルのタイ独自仕様部分が中心であった。このため本格

的な開発機能の移転は主としてIMVの開発組織ZBからの移転であった。そこで以下，日本のZBの開発機能のTMAP-EMへの移転の経緯を分析することを通じて，TMAP-EMからTDEMに継承されたであろう開発ルーチンを明らかにする。本章の論点として，以下の三つ（太字）がある。

まず第一の論点として，「**製品企画，設計におけるTMAP-EMの役割・権限，能力領域がどこまで拡大しているのか**」についてIMVの開発を取り上げながら考察する。第二の論点としては，「**TMAP-EMの開発能力領域の拡大，高度化により，トヨタのIMVの開発のプロセスがどう進化しているのか**」を考察する。第三の論点として，「**TDEMへの組織変更により，タイでの地域向け開発の権限や役割にどのような影響を及ぼし，更にそれが今後新興国向け製品イノベーションにつながる可能性があるか**」について検証する。ただし，上述の事情により，第三の論点に関しては，第一と第二の論点での実証を踏まえた仮説である。

第2節　TMAP-EMの概要

TMAP-EMの設立の背景

本節では，TMAP-EMの概要について触れる。TMAP-EMは前身のTTCAP-THの時代と，TMAP-EMの時代に分けられる。タイのテクニカルセンターは，2003年にアジア地域開発拠点としてToyota Technical Center Asia Pacific (Thailand) Co., Ltd. (TTCAP-TH) という名称でTMC (Toyota Motor Corporation, 日本のトヨタ自動車本社) 100%の出資で設立された。当センターは北米，欧州につぐ三つ目の技術部の海外拠点であり，東南アジア・インドまでを含む太平洋地域向け・南半球の製品開発・設計を担当する。それから間もなく2005年に，豪州にTTCAP-AUを設立しており，主に豪州市場仕様の車両設計を担当した（現在はトヨタ豪州工場の閉鎖決定を受けて，同センターは閉鎖）。

地域向け開発拠点をタイに置いた背景としては，アセアンの地域市場統合（AFTA）とIMVの企画・開発が挙げられる。トヨタの東南アジアの地域統括拠点は，シンガポールに置かれ，地域での車両・部品の販売・マーケティング

第2節　TMAP-EMの概要　37

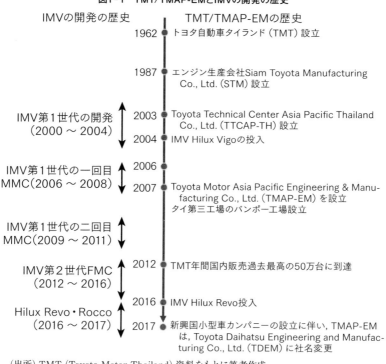

図1-1　TMT/TMAP-EMとIMVの開発の歴史

（出所）TMT（Toyota Motor Thailand）資料をもとに筆者作成。

の企画・調整，政府渉外，域内外の車両・部品の輸出入の商流仲介，物流企画等を行っていたが，シンガポールは販売・オフィス機能のみで，生産機能がない。開発は，生産になるべく近いところに置くというトヨタの方針を前提とすると，1）2005年のアセアンの地域市場統合（AFTA）を睨んで，トヨタにとって当時からAFTA域内最大の生産拠点だったタイを地域の生産ハブとして位置づけ，2）タイを2004年からIMVのグローバル向け輸出拠点として位置づけたことから，タイに開発拠点を置くことは，当時では妥当性の高い選択肢であったと言えよう。当時からタイでのエンジニア人材の不足が指摘されていたが，これはTMCのテクニカルセンターへの派遣を含め社内での長期的な人材育成で対応していくことが，設立当初から決められていた。タイの地域開発拠点の課題として主に三つが挙げられる。

一つ目は，市場に近い所で製品企画・開発することで，より地域の嗜好・性能的ニーズを反映すると同時に，地域の細かな規制に対応することである。従って，現地に製品企画機能（RPP＝Regional Product Planning）や技術渉外を置き，地域の製品ラインナップや個車の仕様・デザイン等を提案する役割を担った。

二つ目は，地域に設計・評価機能をもつことで，部材の現地化を支援し，製品競争力を高めることである。特に，第1世代IMVの育成の時期（後述の図1-4，MLMの成長期，成熟期）では現地調達率を80％程度から90％以上に引き上げることを目標としており，現地の部材を現地で評価し，現地で採用可否を判断し，必要な改善処置をとることが，開発の効率化の観点からも望ましい。改善措置には現地の部材の製造技術や材料の特性に合わせて図面の改善提案も含む。従来は日本に部材を送って評価していたことから，タイへの移転は開発リードタイムの短縮や費用削減につながった。また，設計の「切り出し業務」と同じ発想で，本社の技術開発部はまたタイの材料評価機能をグローバルに活用することを決めた。グローバルでの材料の性能・耐久テストをタイで行うことで，グローバルの材料評価工数を最適化することを狙った。

三つ目は，開発人材の確保である。トヨタはグローバル15（世界で15％のシェア）の実現に向け，IMVを初めとする新興国向け車両を含め，多数の新車の開発が計画されており，グローバルで開発人員が逼迫していた。そこで，タイに新興地域向け車両の開発機能をもたすことで，新興地域向け車両の開発のリソースを確保すると同時に，グローバルで不足する開発人員を補充することを狙った。従って，当初は，開発人材はIMVを中心とする地域向け車両開発支援と，「切り出し業務」と称されるグローバル車両開発支援の両方に振り向けられることが計画された。このために，当初から，地域向け設計・開発において核となるボデーを中心とする設計エンジニアとともに，「切り出し業務」に対応するCAD/CAM・CAEのエンジニアを中心的に養成した。

TTCAP-THとICT研修

TTCAP-THは設立と同時に，100名前後のエンジニアを雇用し，タイで日本語研修・その他業務研修を修了した後に，社内研修制度のICT（Internal Corporate Training）を活用して，TMCに長期派遣した。設立当時TTCAP-THのオフィスはバンコク市内にあり，設計や評価設備はまだ揃っておらず，日本で現場研修することで，設計・評価のスキルを身につけて，タイに戻すことを計画した。なお，派遣されるタイ人の日本での給料は，TMCの社員の給料と同じであることもあり，タイ人エンジニアは意欲的に日本語を習得し，積極的に長期研修に応募した。当時採用されたエンジニアの何人かは，現在はTMAP-EMのAGM（アシスタントジェネラルマネージャー）まで昇進し，マネージメントの中堅を担っている。

TMAP-EMの組織と役割

2006年に，TTCAP-THとシンガポールにあるTMAPのタイの出先であるTMAP Thailandを統合し，TMAP-EMが誕生した。EがTTCAP-THのEngineering，MがTMAP Thailandが担っていたManufacturing（生産支援）を表す。TMAP Thailandの当時の主な機能は，アジア地域の生産支援部隊のAP-GPC（アジアパシフィック・グローバル・プロダクション・センター）であり，TMTのサムロン工場の敷地内に置かれていた（現在はバンポー工場敷地内に移転）。なお，AP-GPCの母体は，元町工場にあるGPCであり，タイやアジアの各生産拠点のLO前の生産準備やLO後のカイゼン活動を支援する部隊であり，AP-GPCの立上げにより，タイに地域生産支援機能の一部が移転された。また，TMAP-EMの設立と同時に，シンガポールに設立されていた地域統括拠点のTMAPはTMAP-MS（Marketing and Sales）に名称を変更した。

現在のTMAP-EMは，TTCAP-THを引き継ぐテクニカルセンターと，地域の生産事業の企画・管理を行うTMAPのコーポレート機能と生産支援機能（生産計画，生産準備，調達企画，物流企画等も含む）をもつヘッドオフィスに大きく二つに組織が分かれている。場所は，バンコク郊外に置かれ，コーポレートオフィス，テクニカルセンターオフィス，実験設備の建物等で構成される。テクニカルセンターは技術部出身のEVP，コーポレートは営業・経営企画出身のEVPが統括し，その上に，TMAP-MSとTMAP-EMの長を兼ねる本社執行役員が社長を務める。TMAP-EMの総人員は2550人であり，その内訳はテクニカルセンターの人員は約800名に対して，Head Officeは生産支援部（Manufacturing

図 1-2　TMAP-EM の組織構造

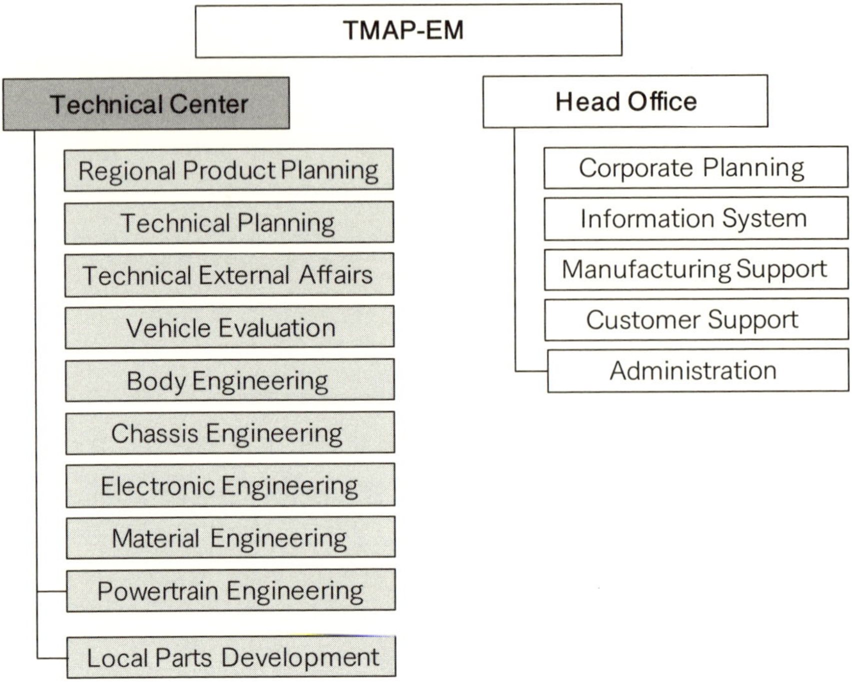

```
                        TMAP-EM
           ┌───────────────┴───────────────┐
     Technical Center                  Head Office
     ├ Regional Product Planning       ├ Corporate Planning
     ├ Technical Planning              ├ Information System
     ├ Technical External Affairs      ├ Manufacturing Support
     ├ Vehicle Evaluation              ├ Customer Support
     ├ Body Engineering                └ Administration
     ├ Chassis Engineering
     ├ Electronic Engineering
     ├ Material Engineering
     ├ Powertrain Engineering
     └ Local Parts Development
```

(出所) TMAP-EM での取材をもとに筆者作成。

Support) の規模が大きいために1750人にのぼる。本章では，設計・開発がテーマであるために，テクニカルセンター（略称テクセン）に焦点を絞る。

　なお，2017年に本社でのトヨタとダイハツとの共同による新興国小型車カンパニーの設立に伴い，TMAP-EM は，TDEM に社名変更したが，2018年に入っても，主な内部組織は TMAP-EM から大きく変わっていない。

第3節　TMAP-EM の製品企画機能

製品企画から設計・開発までの流れ

　当節では，第一の論点である「製品企画，設計における TMAP-EM の役割・

権限,能力領域がどこまで拡大しているのか」について,IMVでの第一世代のマイナーチェンジおよび第二世代の開発を例にとりながら検証する。

図1-3は,商品コンセプトから開発提案までのIMVのフルモデルチェンジの開発・設計の流れを筆者の第一世代IMVの開発プロセスのヒアリング結果から作成し,まとめたものである。製品企画は,この図では商品コンセプトから開発提案までのプロセスを指し,TMCの製品企画本部のZ-CEが中心になって,①主要販売市場,対象顧客,車の使われ方,生産工場,原価目標等の商品・事業コンセプト,②車体の諸元,デザイン,パワートレーン,足回り等の製品設計のための基本仕様等が決められる。他方で,製品設計は,開発提案以降のプロセスを指し,図面作成（現図ないしは正図とも呼ぶ）,試作,試験・評価,ラインオフまでの製造と設計図面との調整など量産向けの図面の完成・熟成までの一連のプロセスを指す。

TMCとTMAP-EMとの基本的な役割分担は,図1-5に示すとおりである。2003年にTMAP-EMの前身のTTCAPが設立されたことから,2006年の第一世代のマイナーチェンジ以降には設計・開発に現地テクセンが関わるようになり,後に第三節でみるように設計・開発プロセスの下流から現地化が進んだ。

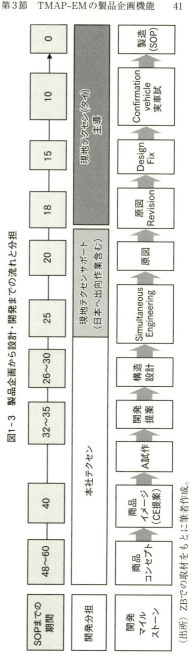

図1-3 製品企画から設計・開発までの流れと分担

(出所) ZBでの取材をもとに筆者作成。

上流の製品企画（商品コンセプトから開発提案まで）は，日本の製品企画本部直轄（当時）のZ-CE（チーフエンジニアを筆頭にしたZチーム：IMV開発担当はZB）が中心となる。野村俊郎（2015）で詳しく述べているとおり，IMVの生産はタイやその他IMV生産拠点が中心であるが，IMVはグローバル向けに開発される車両であり，日本のZがすべての製品企画から設計・開発までの権限をもつ。TMAP-EMは，TMCのテクセンからの開発委託を受けて設計・開発しており，タイが独自に地域向けに企画・設計することは，少なくともこれまでは特別仕様車などに限定されてきた。

ただし，Z-CEの地域向け製品企画支援機能は，TMAP-EMのRPP（Regional Product Planning）が担っており，Z-CEの現地リエゾンとして，市場調査などに基づき地域向けの車両ラインナップの提案，個車の製品仕様企画，地域の法規への対応等を担当している。RPP主導で製品仕様を企画しても，CE（チーフエンジニア）はTMCにいることから，TMCが最終承認するプロセスは大きく変わっていない。

ただし，車種やモデルチェンジのタイプによっては，製品企画のプロセスは着実に現地化が進んでおり，権限の移転はないものの，能力範囲が拡大していることを下記で示す。

モデル・ライフサイクル・マネージメント（MLM）とTAMP-EMの役割拡大

開発には，トヨタで「マルモ」と呼ばれるフルモデルチェンジの他に，次期フルモデルチェンジまでに，「マルマ」と呼ばれるマイナーチェンジ，「マルカイ」と呼ばれる改造（マルマのようなデザインの変更はなく，仕様の調整等の小幅な改造）の活動も含まれており，トヨタでは，これらの開発活動をモデル・ライフサイクル・マネージメント（MLM）と呼ぶ。MLMの目的は，図1-4のように，モデル投入（LO）からモデル末期までの市場の成長・成熟化のサイクルをモデルの外装・内装の変更，仕様追加等を通して最適化することである。IMV第一世代では，2004年のLOから2015年のモデルチェンジの11年の間に，2008年と2011年に2回のマイナーチェンジ（大）を行った。マイナチェンジ（大）は，グローバルに展開されることから，Z-CE主導で開発される。特に，2008年のマルマでは，アクセスドアタイプという新しいドア仕様を追加し，新た

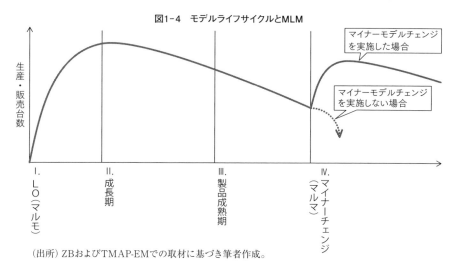

図1-4 モデルライフサイクルとMLM

(出所) ZBおよびTMAP-EMでの取材に基づき筆者作成。

ドアの金型を起こし，衝突評価，強度耐久評価など数々の実車評価が必要になり，TMCが企画して開発実務にはTMAP-EMが参画した。

しかし，マルマ（小）やマルカは開発予算も限られるため，TMCの関与を減らしていくことが望ましい。今後は，マルマ（小）やマルカは各地域・国での販売状況に応じて企画され，タイの場合は，TMAP-EM主導で企画・開発されることもあり得るだろう。TMAP-EMがCE-Zへの報告義務はあるものの，Zからの正式承認なしで独自に仕様を決められる時代が来るかもしれない。MLMの権限が，Zから現地に期間・地域限定で分与される方向と言えよう。以下で，具体的な開発をみる。

ケース1：第二世代TRD仕様のFortuner Sportivo

第二世代IMVのTRD仕様Fortuner Sportivo（フォーチュナー・スポルティボ）の場合は，TMC設定のベースは17インチと18インチの二タイプある。それに対しTRDは20インチであり，これはTMC-CEの了解の下，TMAP-EMが企画から開発まで行い，現地特有の仕様を投入した。TRD仕様（特別仕様車）の企画・開発は，アクセサリーの開発の延長上にあり，マイナーチェンジより仕様変更・設計の範囲は限定されている。だが，タイヤの仕様変更はサスペン

ションの調整やボデー制御との調整が必要であり，一連の開発プロセスを現地でやり遂げたということは，開発の現地化の第一歩と言えよう。

ケース 2：2017年の Hilux Revo のマイナーチェンジ

　2017年12月にLO（ラインオフ，量産開始）されたHilux Revo（ハイラックス・レボ）のマルマ（通称A4）の場合は，TMAP-EM主導で南ア等の他の主要ピックアップ市場の要望も集約・反映しながら製品企画し，バンパー，グリルなどを全面改良した。これは，タイ等地域限定，対象モデルもC-CABとD-CABに限定されるが，ビッグマイナーに近い。タイから複数国・他地域へ，仕様変更範囲が先述のTRDの企画のタイヤ回りからフロント・外装全般に拡がっており，能力範囲は着実に拡大していると言えよう。TMAP-EMでは，地域主体の企画・開発の能力範囲が広がっており，地域開発拠点の自立化の一歩を進んでいると言えよう。

　以上から，TMCとTMAP-EMとの役割分担を整理すると図1-5のとおりである。フルモデルチェンジの企画では，TMAP-EMは市場調査を中心とした副次的な役割を担うが，グローバル製品企画が決定した後，地域の意見を集約して，地域向けSuffixの企画・提案はTMAP-EMが主導している。MLMはマイナーチェンジ（大）を初めとしてTMCが統括しているが，TRDの特殊仕様企画および，マイナーチェンジ（小）はTMAP-EMに権限が分与されている。

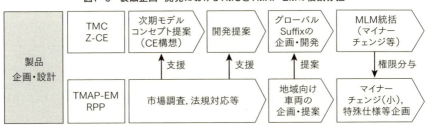

図1-5　製品企画・開発におけるTMCとTMAP-EMの役割分担

（出所）TMAP-EMでの取材に基づき筆者作成。

第4節　TMAP-EMの製品設計機能の拡大

TMCとTMAP-EMとの主な役割分担

　次の焦点となるのが地域開発拠点の製品設計能力の領域拡大である。技術開発領域は，設計・開発からみた車両の基本構造／機能によって定義される。基本機能／構造は，大きくアッパーボデー，プラットフォーム（シャシ，アンダーボデー），パワートレーンの三つに分けられる。トヨタに限らず，プラットフォームとパワートレーンはグローバルに開発されるために，地域別に開発されるニーズは低く，本社で開発される。他方でアッパーボデーは自動車メーカーの地域の開発拠点が担当する方向である。後述のケース1，2，3のようにTMAP-EMでもアッパーボデー開発の一部を分担できるようになってきており，方向性は見え始めている。だが，それは方向性が見え始めたに過ぎない。

　実際には，2017年末時点でみても，TMAP-EMがアッパーボデーをゼロから開発したことはない。フルモデルチェンジの際にアッパーボデー開発を丸ごと担当することがTMAP-EMないしその新組織のTDEMの今後の大きな目標であろう。この目標が達成されて初めて，アッパーボデー開発はTMAP-EMが主担当で，プラットフォームとパワートレーンの開発はTMCが主担当という分担が現実になる。

　なお，前掲の図1-3（製品企画から設計・開発までの流れと分担）で示すように，開発の段階によっては，TMCとTMAP-EMとの役割分担が進んでいる面もある。製品設計の前期に当る「A試作」から「原図」までのプロセスはTMCのテクセンで行われ，原図を仕上げた後の量産向けの図面の完成・熟成は，タイのTMAP-EMで行われている。要するに，車両基本構造／機能の軸と，設計前期・設計後期というように設計フェーズの軸のマトリックスにより，役割分担が決められている。第二世代IMVの開発でも，当プロセスが大まかに踏襲されているが，下記でみるように，TMAP-EMの設計の開発領域が着実に拡がっており，開発の現地化が進展している。

なお，Tier1のサプライヤーは，正式には「構造計画決定」以降に開発に参加し，主に親会社のSE活動を通じて，車両開発と同時並行的に開発を進められる。現図の作成がTMCのテクセンで行われるため，Tier1も親会社主導である。

TMAP-EMの開発領域の拡大

TMAP-EMの開発領域は，アッパーボデーを中心に拡がっているとみるのが妥当である。アッパーボデーの開発領域は，Ⅰ. 車両のデザインコンセプト・スタイリング，Ⅱ. 外装設計，Ⅲ. 内装設計，Ⅳ. 板金設計に分けられる。車外装はバンパー，ラジエーターグリル等，内装はシート，インパネ，ドアトリム等，板金は，ピラーやフロアなどの外から見えない骨格部分（内板），ドア，トランク等の箱モノ，フェンダーなどのスキンといわれる部位に分けられる。

TMAP-EMのアッパーボデーの開発の歴史を見ると，この十数年をかけて外装／内装の意匠変更の開発を経てシェル（外板）の開発も手がけられるよう

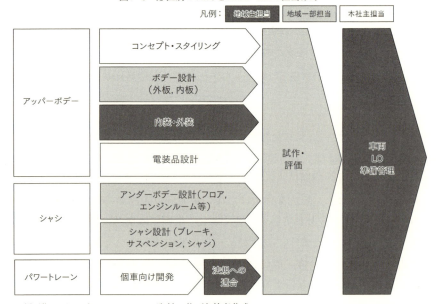

図1-6　部位別のTMCとTMAP-EMの担当分野

（出所）ZBおよびTMAP-EMでの取材に基づき筆者作成。

になった．着実にエンジニアの実力が技能のみならず，マネージメント面で向上してきたことが，能力の進化の原因として挙げられる．つまり，先の図で言うとⅡ～Ⅲまでの技術領域が着実に拡大している．最初に，設計の現地化が進むのは，車の構造や性能に影響がないⅡ．外装設計とⅢ．内装設計である．内装と外装は，ユーザーの目に触れ易いことから，現地の嗜好を反映しやすいために，現地で開発するメリットが高い．マルマで外装・内装は変更されることから，設計者の経験も積みやすい．次の進化のステップとして，板金設計があるが，骨格等は車の構造，性能にも影響を与えるために，設計の難度が高い．また，構造に影響を与えるために，CAEによるシミュレーション評価や衝突テストなど実物評価テストを伴うため，設備，ソフト，それらを使いこなす技能・経験が求められる．また，デザインコンセプト・スタイリングは，デザインコンセプト提案→クレーモデル設計，デザインの本決定，プロトタイプの設計・評価までの一連のプロセスで構成されており，車両の基本コンセプトに関わり，日本のZ/CEや他の本社機能との緊密なコミュニケーションが必要であることから，本社に機能が残っていると推察される．

なお，TMAP-EMの組織にシャシやパワートレーンの設計部隊もあるが，これらの開発部隊は日本で基本開発されたブレーキやサスペンションを現地の嗜好や路面状況に合わせた味付けやエンジンの排ガス規制・燃料基準への適合が中心となっている．新型エンジンモデルやシャシの設計・開発や仕様変更などは日本のTMCが主体となっている．

以上の開発の流れと現地の基本的な役割を踏まえて，下記で具体的な開発ケースとTMAP-EMの開発領域拡大の事例をみる．

ケース1：2008年の第一世代IMV（Hilux Vigo）の観音開きタイプの新規開発

第一世代のIMVは，TMAP-EMが設立される前であり，TMC主導で開発された．ただし，ICTで派遣されたTMAP-EMのスタッフ（当時はTTCAP-THに所属）が，OJTとしてTMCの設計チームの指導・監督の下で図面の作成に関わった．

本格的にTMAP-EMがボデー設計に関わるようになるのは，2008年に，第

一世代 IMV の Hilux Vigo（ハイラックス・ビゴ）の C キャブに観音開きドアタイプ（英語名：アクセスドアタイプ）を追加したマイナーチェンジ以降である。アクセスドア付の C キャブは，2008 年のマイナーチェンジ時点では，グローバル仕様ではなくタイ専用仕様だったが，「TMAP-EM には大規模な板金設計はできない」という見方を覆す事例である。

B，C キャブの場合，フロントドアのみに開口があるが，C キャブ観音開きタイプの場合，後席への乗り込み，荷物の搭載を容易にするため，フロントドアの後ろに観音式に開く小さな補助ドアをつけた。IMV でのアクセスドアは初めてなので，TMAP-EM の設計者はアクセスドア開発の経験がある TMC へ出向して，TMC の指導の下で設計した。タイ人のチームは何度も試作し，実験・評価し，設計上の課題を解決しながら，TMC 設計の指導監督の下とはいえ「最後は自分たちでやり遂げた」（当時の日本側監督者）。当時のタイチームリーダーによると，特に設計・開発上で課題となったのは，観音開きでは開口部を広くするために，中間ピラーをなくし，後方のピラーに補助ドアが取り付けられたために，ウェザーストリップの位置・形状が変わり，雨漏りの問題が生じたことである。これらを解決するために，タイ人のチームは独自に工夫し改善した。

観音開きタイプは，他の主要日系メーカーに先駆けて投入したこともあり，初代 IMV が販売面で成功し，タイのピックアップ市場で首位を維持する要因となった。観音開きの開発は，設計現場は TMC であったが，タイ人チーム主体で板金の意匠設計をやり遂げ，外（TMC）からもその実力が評価されるようになったという意味で，TMAP-EM の開発力向上の踏み台になったと言えよう。

ケース 2：2011 年の Hilux Vigo の二回目のマイナーチェンジ

Hilux Vigo の二回目のマイナーチェンジは，バンパー，ラジエーターグリル，ランプ等の外装および内装部品の意匠変更を大幅に行った。当マイナーチェンジでは，現地の TMAP-EM が担当し，設計・開発した。パネルなどの板金の意匠変更はなかったが，多くの部品点数のほぼすべての意匠変更を現地で行ったということで，TMAP-EM の技術能力領域の進化として捉えられる。

ケース1とケース2での開発の軽減が，ケース3の第二世代のIMV開発に活かされることである。

ケース3：2015年のIMVのフルモデルチェンジ

　新型IMVのHilux Revoハイラックス・レボのフルモデルチェンジでは，TMAP-EMの設計者が約2年間日本へ出向して研鑽し，アッパーボデーの正式図面を書き上げた。その後，彼らは元部署（TMAP-EM）に戻った。その後はTMAP-EMで立ち上げまでの1年〜2年の間，その正式図面に対し，設計変更（設変）をしながら生産性の観点から更に完成度を向上させ，量産できる図面に仕上げた。つまり，ボデーの設計プロセスは，正図の設計・完成は日本であるが，量産できる図面に仕上げるプロセスはTMAP-EMに移転されている。しかも，TMCでのボデーの意匠設計はTMAP-EMから派遣されたタイ人の設計リーダーの下で行われており，骨格に関わる部分の設計にも関わっている。つまり，第二世代のフルモデルチェンジでは，アッパーボデー全体に拡がり，技術領域が進化した。また，タイ人設計チームがリードしたということで，開発マネージメントの能力向上がみられた。

第5節　将来的なTMAP-EMの企画・設計の役割拡大の方向性

　本章第1節〜第3節で検証した現地の企画・設計の機能の進化の現状および将来の方向性は，図1-7のようにまとめられる。製品企画の権限は，Zの地域リエゾン的機能，TRDの特殊モデル設計から，第3節ケース2：2017年のHilux Revoのマイナーチェンジでみたように他地域を巻き込んだマイナーチェンジ（小〜中）の製品企画の発案から設計までのプロジェクト管轄までに進化している。他方で，製品の設計領域は，内装・外装を中心とするアッパーボデーの一部分から内板，外板を含むアッパーボデー全体へ拡がっており，着実に進化している。

　将来的な方向としては，アッパーボデーの企画から設計・評価までの全体開発プロセスを自前で完結できることである。また，開発の効率性・スピード，

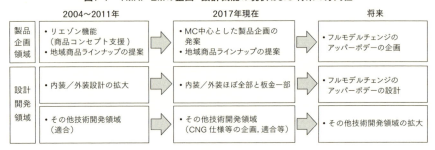

図1-7　TMAP-EMの企画・設計機能の現状および将来の方向性

（出所）ZBおよびTMAP-EMでの取材に基づき筆者作成。

質を高めて他のグローバル開発拠点と並ぶまでになることである。更に，アッパーボデーと接触するアンダーボデー等シャシの一部等へと設計領域をアッパーボデー以外に拡げていく可能性もある。

［注］
1）TMAP-EM：Toyota Motor Asia Pacific Engineering & Manufacturing Co., Ltd.
2）新興国小型車カンパニーのもう一つの開発実務組織は，ダイハツの車両開発本部である。これについては，主要市場の分析が済んで，課題が明らかになってから，終章で分析する。
3）ただ，ダイハツが日本の本社（車両開発本部）で進める新興国小型車の開発の一部をTDEMが分担するため，ダイハツ車両開発本部との共同開発拠点という役割が加わる。

第2章

インドネシア市場ではイノベータのジレンマを超えたトヨタ
~ダイハツを活用したLCGC開発の成功と限界~

はじめに

　インドネシアの自動車市場は2012年に100万台を超え，2014年にはタイを追い抜いて東南アジア最大となった。トヨタはそこで，ダイハツを活用した低価格車U-IMV（アバンザ，セニア），およびトヨタ・ダイハツLCGC（アギア，アイラ，カリヤ，シグラ）と，高価格帯の世界戦略車IMV[1]の両方で大きなシェアを獲得し，市場全体でのシェアもトヨタ単独で約35％，ダイハツと併せて5割に達している。インドネシアはトヨタが新興国においてイノベータのジレンマに陥らず，高価格帯と低価格帯の両方で成功を収めた数少ない市場である。

　トヨタがインドネシア市場に投入している低価格車は，3列シート7人乗りミニバンのU-IMVと政府にLCGC（ローコストグリーンカー）認定を受けた小型コンパクトのアギア，アイラ，カリヤ，シグラである。いずれもインドネシア専用車で，U-IMVはダイハツと共同開発して両社で現地生産[2]，アギア，アイラ，カリヤ，シグラはダイハツが単独開発，単独で現地生産したものをトヨタにOEM供給している。U-IMVはインドネシア市場全体の2割のシェアを占める最量販車，トヨタ・ダイハツLCGCはLCGCセグメントの最量販車で，いずれも大きなシェアを獲得している。

　他方で，トヨタは，インドネシアでも他の新興国と同様に，高価格帯にIMVを投入しており，タイに次いで世界第2位の販売を誇っている。利益率が高い高価格帯で成功しながら，イノベータのジレンマに陥ることなく，ダイハツを活用して利益率が低いと見られる低価格帯でも成功しているのである。この経験を他の新興国でも活かすべく，トヨタは2017年1月にダイハツを組み込んだ

社内カンパニー「新興国小型車カンパニー」を新設した。

本章では，こうしたインドネシア市場とトヨタの動向のうち，2013年から始まったLCGC政策と低価格車トヨタ・ダイハツLCGCに焦点をあて，クリステンセンの言う「イノベータのジレンマ」を克服したケースとして説明する。

だが，インドネシア向けモデルの開発で「イノベータのジレンマ」を超えたとしても，他の新興国向けモデルの開発でも同様に「イノベータのジレンマ」を超えられるだろうか？　言い換えれば，インドネシアでの成功体験は他の新興国にも横展開できる普遍的なものだろうか？　あるいは，市場の求める価格水準，車型，性能，装備などの条件の違いによって妥当する範囲が限定されるものだろうか？　このことについても，本章の最後で触れる。

なお，本章は，インドネシアのLCGC政策とダイハツを活用したイノベータのジレンマ克服に焦点をあてて説明した。そのため，①クリステンセンの「イノベータのジレンマ」の概念の検討や，②トヨタが世界第4位のブラジル市場で陥っている「イノベータのジレンマ」の分析，③同じく世界第6位のインド市場で陥っている「イノベータのジレンマ」の分析，④ジレンマ克服策としての「目的ブランド」に関する検討は，別稿に譲った。①に関しては野村（2015），②については本書第5章，③については本書第3章，④については本書終章を参照されたい。

第1節　インドネシアではイノベータのジレンマを克服

インドネシアでは，トヨタが子会社のダイハツと併せて5割を超えるシェアを獲得し，他社を圧倒している。日系企業がこれだけ高いシェアを獲得しているのは，他にインドでスズキが45％のシェアを獲得している例があるが，インドネシアのトヨタはそれを上回る高さである。子会社も含めた日系自動車メーカーのシェアの高さとしては，インドネシアのトヨタが主要国で最高であろう。ダイハツを除いたトヨタ単独のシェアも35％に達する。

この高いシェアを支えているのが高価格帯のIMVと，インドネシアでは低価格帯のU-IMVとアギア，アイラ，カリヤ，シグラである。まずIMVからみていこう。インドネシアは，ミニバン（IMV5）の拠点国として，ピックアップ

図2-1　第2世代IMV5（インドネシアモデルのKijang Innovaキジャンイノーバ）

(注) IMV5のモデル名は他の国ではイノーバだが，インドネシアでは2004年までトップシェアで販売されていたキジャンの名称を冠している。キジャンはインドネシア語で「鹿」という意味である。
(出所) インドネシアにおけるトヨタの販売代理店Toyota Astra Motorのウェブサイトより。

（IMV1，2，3）の拠点国タイと並んで，世界に先駆けて2004年から生産と販売が開始された。2015年にフルモデルチェンジして第2世代IMVとなっている。

　キジャンイノーバは，第1世代が投入された翌年の2005年に，先代のキジャンが守ってきた国内市場トップの地位を，同じく2004年に投入されたU-IMV（トヨタ・アバンザ，ダイハツ・セニア）に譲り現在に至っている。とはいえ，年間4～5万台程度の販売はコンスタントに続けており，インドネシア市場の高価格帯では最も販売の多いモデルである。グローバルにみても，IMVの販売が多い国を順に並べた表2-1のとおり，2004年の投入以来インドネシアはインドと並ぶIMV5の世界最大の販売先である。ミニバン以外の車型も含めたトータルでも2014年までインドネシアがタイに次いで第2位の販売を続けてきた。インドネシア国内市場においても，グローバルに比較しても，インドネシアのIMV事業は大きな成功を収めてきたと言えよう。

　なお，各国別のIMV合計の販売順位では，2015年にインドネシアはインドに抜かれて第3位となった。インドの国内市場はインドネシアの倍ほどに達しており，今後も順位だけ見ればインドが上回るかもしれない。しかし，インドネシアのIMV5（キジャンイノーバ）は，同じ3列シート7人乗りで低価格のU-IMVと競合しながらも，長期にわたり4～5万台程度の販売と，世界全体でも第2位の販売を維持してきた。グローバルにみるとIMVの販売でインドに抜かれたインドネシアだが，これまでの経緯からみて国内市場におけるIMV5の販売は堅調に推移するとみられる。

表2-1 国別IMVの販売台数の推移

国名	タイプ	2004	2005	2006	2007	2008	2009	2010	2011	2012	2013	2014	2015
タイ	IMV1	5,910	17,760	17,340	18,010	14,770	11,180	17,490	18,030	28,470	28,480	24,860	21,970
	IMV2	37,040	87,340	106,910	96,480	82,570	64,260	86,170	70,740	125,420	117,920	85,310	60,900
	IMV3	17,670	39,710	42,110	43,850	29,870	26,590	40,530	33,120	79,500	60,530	34,520	37,250
	IMV4	0	32,790	19,350	14,840	14,040	15,230	20,610	13,080	36,330	29,820	20,160	31,010
	IMV5	290	2,810	1,340	480	1,270	1,360	3,160	3,770	6,230	3,740	1,820	1,490
	合計	60,910	180,410	187,050	173,660	142,520	118,620	167,960	138,740	275,950	240,490	166,670	152,620
インドネシア	IMV1	0	0	20	2,740	6,350	3,940	5,690	4,740	6,600	8,450	5,830	4,420
	IMV2	0	0	0	0	0	0	0	0	0	0	0	150
	IMV3	0	0	220	50	0	960	2,690	3,570	5,770	4,940	3,690	3,610
	IMV4	0	3,040	3,700	4,320	8,860	7,730	11,030	12,970	20,140	18,500	16,880	12,600
	IMV5	21,060	81,320	40,450	41,060	50,610	36,390	53,550	55,710	71,360	63,910	53,590	45,410
	合計	21,060	84,360	44,390	48,170	65,820	49,020	72,960	76,990	103,870	95,800	79,990	66,190
インド	IMV1	0	0	0	0	0	0	0	0	0	0	0	0
	IMV2	0	0	0	0	0	0	0	0	0	0	0	0
	IMV3	0	0	0	0	0	0	0	0	0	0	0	0
	IMV4	0	0	0	0	0	3,150	11,870	10,760	15,270	17,140	17,200	15,770
	IMV5	0	30,510	40,480	46,650	43,700	42,740	51,400	51,430	73,370	64,350	60,910	60,360
	合計	0	30,510	40,480	46,650	43,700	45,890	63,270	62,190	88,640	81,490	78,110	76,130
南アフリカ	IMV1	0	11,820	17,770	23,320	19,770	16,690	18,390	19,840	18,930	19,420	19,850	18,890
	IMV2	0	0	0	0	0	0	10	3,290	3,500	3,780	3,800	4,480
	IMV3	0	8,700	7,200	12,770	9,710	10,560	13,460	14,750	11,970	14,290	13,910	12,270
	IMV4	0	0	5,040	8,240	7,190	7,500	10,760	11,560	12,000	10,890	10,090	8,370
	IMV5	0	0	0	0	0	0	0	270	750	440	80	50
	合計	0	20,520	30,010	44,330	36,670	34,750	42,620	49,710	47,150	48,820	47,730	44,060
ブラジル	IMV1	0	920	1,100	2,030	1,900	1,750	1,500	2,220	1,690	2,850	3,490	2,740
	IMV2	0	0	0	0	0	0	0	0	0	0	0	0
	IMV3	0	12,750	16,510	18,000	19,830	29,930	32,350	31,060	38,250	39,810	40,110	30,560
	IMV4	0	1,830	6,070	7,300	6,950	5,910	8,070	8,340	10,660	12,500	13,440	8,300
	IMV5	0	0	0	0	0	0	0	0	0	0	0	0
	合計	0	15,500	23,680	27,330	28,680	37,590	41,920	41,620	50,600	55,160	57,040	41,600
アルゼンチン	IMV1	0	860	1,240	1,630	2,110	1,270	1,740	2,170	2,840	3,140	3,190	2,920
	IMV2	0	0	0	0	0	0	0	0	0	0	0	0
	IMV3	0	9,700	13,600	15,490	16,510	16,850	17,190	17,670	22,950	24,690	24,350	24,930
	IMV4	0	560	1,900	2,370	2,350	1,820	2,230	2,380	2,520	2,780	570	470
	IMV5	0	0	0	0	0	0	0	0	0	0	0	0
	合計	0	11,120	16,740	19,490	20,970	19,940	21,160	22,220	28,310	30,610	28,110	28,320

(出所)トヨタ自動車広報部資料より筆者作成。

　次に，U-IMVにも簡単に触れておこう。U-IMVはIMV5と同じ3列シート7人乗りのミニバンだが，IMV5と比べると相対的に低価格のモデルである。IMV5（イノーバ）の価格帯は，3億〜4億ルピア（250万円〜350万円）で，一人当たり所得が年間で3000ドル（30数万円）程度のインドネシアでは，年間所得の十倍に達する。一握りの高所得層しか手が出ない高価格である。これに対して，U-IMVの価格帯は，トヨタ・アバンザ，ダイハツ・セニアのいずれも2億

図2-2　U-IMVトヨタ・アバンザ（左）とダイハツ・セニア（右）

（出所）（左）（右）ともにトヨタ自動車広報部の提供。

ルピア（170万円）前後で，インドネシアの所得水準からみれば安くないが，IMV5に比べると安い。IMVのフレームシャシに対してU-IMVはモノコックでサイズが一回り小さいが，大人が3列目に乗っても十分なスペースがある。仕様等もIMVに比べて見劣りしない。このため，発売の翌年（2004年）からU-IMVがIMVを上回るようになり，2010年以降はIMV5の倍程度の販売を続けている。高価格帯でIMVが成功を収めながらも，イノベータのジレンマに陥ることなく，低価格帯でも大きな成功を収めたのである。

　以上のように，トヨタは利益率が高いとみられる高価格帯のIMVの好調が続いているにも関わらず，利益率が低いとみられる低価格帯向けにU-IMVの開発を並行して進め，いずれも成功させた。これだけみても，インドネシア向けモデルの開発では，トヨタはイノベータのジレンマを超えている。しかもトヨタは，2013年にインドネシア政府がLCGC政策を導入すると，U-IMVよりさらに低価格のセグメント（インドネシアでは最も低価格のセグメント）に，ダイハツの小型車ブーンベースの低価格車アギア，アイラを投入し，後掲の図2-13，表2-6，表2-7のとおり一定の成功を収めた。トヨタ・ダイハツLCGCは最初，5人乗りハッチバックのトヨタ・アギア，ダイハツ・アイラが2013年に発売されたが，2016年には3列シート7人乗りミニバン，トヨタ・カリヤ，ダイハツ・シグラも発売された。

　トヨタ・カリヤ，ダイハツ・シグラはIMVよりふた回り，U-IMVよりひと回り小さいが，同じミニバン車型であり，価格は最も安い。ミニバンセグメントの規模が大きなインドネシアとは言え，高価格帯から，低価格帯，超低価格

図2-3 トヨタ・アギアAGYA（左）とダイハツ・アイラAYLA（右）

（注）AGYAは古代インドネシア語でFast（速い），AYLAはサンスクリット語でLight（明るい）
（出所）（左）Toyota Astra Motor（http://www.toyota.astra.co.id/product/agya/#color-3d），（右）インドネシアにて寺前舞和（パジャジャラン大学）が2014年11月6日撮影。右の画像処理は井手萌乃（鹿児島県立短期大学）。

図2-4 トヨタ・カリヤCALYA（左）とダイハツ・シグラSIGRA（右）

（注）CALYAはサンスクリット語でPerfect，SIGRAもサンスクリット語で「反応がすばやい」
（出所）（左）（右）ともにトヨタ自動車広報部の提供。

帯までミニバンをラインアップして，ユーザーは高価格帯のIMVや，相対的に高価格のU-IMVを過剰品質と感じないだろうか？ 同じことだが，トヨタ・カリヤ，ダイハツ・シグラを投入しても，相対的に高価格のIMV，U-IMVの販売を減らすことなく，相乗効果でトヨタの販売を増やせるだろうか？ また，カリヤ，シグラに先行して投入された5人乗りハッチバックのトヨタ・アギア，ダイハツ・アイラはU-IMVの販売に影響を与えなかったのだろうか？

以下，これらについて，ハッチバックのトヨタ・アギア，ダイハツ・アイラ，3列シート7人乗りのトヨタ・カリヤ，ダイハツ・シグラに焦点を当てて考察していく。まず，トヨタがダイハツを活用して低価格車の開発を推進するきっかけとなった，インドネシア政府のLCGC政策と各メーカーの対応からみていこう。

第2節 既存メーカーをローエンドに導く LCGC政策各メーカーの対応

　LCGC（Low Cost Green Car）政策は，インドネシア政府が2013年に施行した低価格環境車優遇政策で，表2-2の条件を充たすモデルをLCGCとして認可し，奢侈品販売税（税率10％）を全額免除するものである。

表2-2　LCGCの概要（2013年9月施行）

	法　　規
エンジン排気量	・900≦CC≦1200のガソリン ・＜1500ccのディーゼル
現地調達（現調）	・エンジン5部品を3年目から現調 ・ミッションケースを2年目から現調 ・クラッチシステムを1年目から現調 ・詳細な現調品目・タイミング設定
燃費	≧20km/ℓ テスト方式：ECE-R101 → ECE-R101 Low Power（インドネシアモード最高時速80Km/h） RON（リサーチ・オクタン価）92のガソリン（補助金なしガソリン）を使用
エミッション	特に規定無し（現行EUROⅡ維持）
価格	＜9500万ルピア　Off the road price（税・諸経費別価格） ただし，AT＋15％，安全装備＋10％付加可
ローカル名称	車名とロゴ，ブランド名はインドネシアの要素を含まなければならない
その他	最低地上高：min 150mm 最低回転半径：max 4.650mm

（出所）インドネシア政府規則2013年第41号，大統領署名2013年5月23日，2013年9月施行。Toyota Astra Motor, Honda Prospect Motorでのヒアリングで運用を確認したうえで作成。

既存市場のローエンドに主な既存メーカーが参入

　認可基準の9500万ルピア（約100万円）以下はインドネシアの既存市場のローエンドの価格帯である。これまでは，日本の軽トラベースのキャブオーバー型ミニバン（スズキ・キャリー，ダイハツ・ゼブラ，三菱T-120）が投入されていた。この価格帯に乗用車が投入されるのは，21世紀に入って以降のインドネシア市場では初めてである。
　LCGCとして認可されたのは以下の8モデルである。

2014年9月：①トヨタ・アギア，②ダイハツ・アイラ（5人乗りハッチバック）
　　　10月：③ホンダ・ブリオ・サティア（同上）
　　　11月：④スズキ・カリムン・ワゴンR（同上）
2014年5月：⑤ダットサン・ゴー（同上），⑥ゴープラス（3列シート7人乗りミニバン）
2016年8月：⑦トヨタ・カリヤ，⑧ダイハツ・シグラ（同上）

　次にこの8モデルの概要を，前掲の①，②，⑦，⑧を除く4モデルの画像（図2-5～2-7）と，全8モデルの比較表（表2-3～2-5）でみていく。

図2-5　ホンダ・ブリオ・サティア BRIO SATYA

図2-6　スズキ・カリムン・ワゴンR・ディラーゴ KARIMUN WAGON R DILAGO

（注）SATYAはサンスクリット語で「誠実」
（出所）ジャカルタ・モーター・ショー（2014年9月）にて筆者撮影。画像処理は井手萌乃（鹿児島県立短期大学）が担当。以下，LCGCの写真はすべて同じ。

図2-7　ダットサン・ゴー GOパンチャ（左）とゴープラス GO+パンチャ（右）

（注）PANCAはサンスクリット語で「5」

表2-3　LCGC各車のベースモデル

	ブランド名	車種名	ベースモデル	ベースの車格
①	Astra Toyota	AGYA アギア	ダイハツ・ブーン	普通車
②	Astra Daihatsu	AYLA アイラ	ダイハツ・ブーン	普通車
③	Honda Prospect	Brio Satya ブリオ・サティア	フィット	普通車
④	Suzuki Indomobil	Karimun Wagon R Dilago ディラーゴ	ワゴンR	軽自動車
⑤	Datsun Nusantara	GO PANCA ゴー・パンチャ	マーチ	普通車
⑥	Datsun Nusantara	GO+ PANCA ゴープラス・パンチャ	マーチ	普通車
⑦	Astra Toyota	CALYA カリヤ	ダイハツ・ブーン	普通車
⑧	Astra Daihatsu	SIGRA シグラ	ダイハツ・ブーン	普通車

(出所) ①～⑥はジャカルタモーターショーでのヒアリング, ⑦⑧はトヨタ自動車広報部による。

表2-4　LCGC各車のエンジン, T/M

	エンジン型式	排気量	気筒数	馬力 (PS)	T/M	A/Tの有無
①	1KR-DE (DOHC)	998	3	65.3	5M/T	○
②	1KR-DE (DOHC)	998	3	65	〃	○
③	1.2Li-VTEC (SOHC)	1198	4	88	〃	○
④	K10B (DOHC)	998	3	68	〃	×
⑤	HR12DE	1198	3	68	〃	×
⑥	HR12DE	1198	3	68	〃	×
⑦	3NR-VE (DOHC)	1197	4	88	〃	○
⑧	1KR-VE (DOHC)	998	3	67	〃	×

(注) シグラは⑦⑧両方の設定がある。カリヤは⑦のみ。
(出所) 各社資料より筆者作成。

表2-5　LCGC各車の装備と価格 (M/T車)

	グレード	PW&PS	A/C	乗車定員	価格 (IDR)	非LCGC
①	Type G	○	○	5	111,650,000	×
②	Type M	○	○	5	92,200,000	×
③	Type S	○	○	5	111,600,000	○
④	GL	○	○	5	96,500,000	×
⑤	Type T	○	○	5	96,000,000	×
⑥	Type T	○	○	5+2	100,300,000	×
⑦	Type G	○	○	7	138,000,000	×
⑧	1.2 X	○	○	7	124,850,000	×

(出所) 各社資料より筆者作成。

図2-8 インドネシアの要素を含んだLCGCの車名とロゴ, ブランド名

(注) LCGCは, その認可条件として,「車名とロゴ, ブランド名はインドネシアの要素を含まなければならない」とされているため, 各車とも, 以下のとおりインドネシア風の名前, 通常とは異なるエンブレム, ブランド名が用いられている。

図2-9 アイラ用LCGCエンブレム, ブランド名はASTRA DAIHATSU

図2-10 ブリオ・サティア用LCGCエンブレム, ブランド名はHonda Prospect Motor

図2-11 カリムン・ワゴンR用LCGCエンブレム, ブランド名はSUZUKI INDOMOBIL

図2-12 GO+パンチャ用LCGCエンブレム, ブランド名はDATSUN NUSANTARA

インドネシア市場のローエンドに投入された
スポーティーなハッチバックとミニバン

　インドネシアのLCGCは，どのモデルも量販グレードにはエアコン，パワステ，パワーウィンドウなどの快適装備が標準装備され，GO+を除いて全車がフォグランプ，リアスポイラーも標準装備してスポーティー感を演出している。快適装備や雰囲気を演出する装備のすべてを削ぎ落し，30万円という低価格のみを訴求したインドのタタ・ナノとは対照的である。

　LCGCには，5人乗りハッチバックの他に，3列シート7人乗りのミニバンも以下の3モデルが投入されている。ダットサンGO+は，カリヤ，シグラが投入されるまで，LCGC唯一の3列シート7人乗りで，3列目は子供用だが，多人数乗車のファミリーユースも狙っていた。トヨタ・カリヤ，ダイハツ・シグラは，

LCGCでは初の3列目に大人も乗れる7人乗りミニバンで,スマートホンをBluetooth接続するオーディオも選べるなど若い世代に訴求できる仕様である。インドネシアでは一般的なお雇いの運転手ではなく,若いオーナーが自分で運転することを想定したとみられる。

第3節　3列7人乗りLCGCは好調な滑り出し,U-IMVは減少,IMVは堅調

　図2-13は,IMVとU-IMVがインドネシア市場で発売された2004年から,2013年のLCGC発売,2016年のトヨタ・カリヤ,ダイハツ・シグラ発売に至るインドネシア国内市場の動向を図示したものである。
　見られるとおり,21世紀に入ってインドネシア市場が急成長を遂げて100万台を超えていく中で,高価格帯ではIMVが堅調に推移する一方で,小型ミニバ

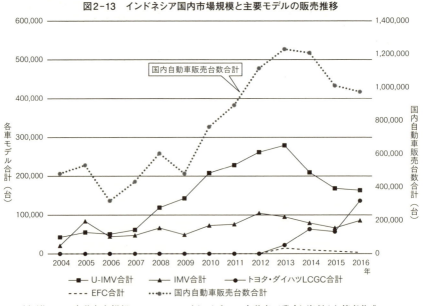

図2-13　インドネシア国内市場規模と主要モデルの販売推移

(出所)トヨタ自動車広報部,GAIKINDO(インドネシア自動車工業会)資料より筆者作成。

ンのU-IMVが20万台を超えて国内市場の2割を占める好調な販売を続けてきた。この傾向は，2013年にハッチバックを中心にLCGCが発売されても変わらなかった。

アギア，アイラがLCGCの7～8割を占める一方，
7人乗りのU-IMVとは競合せず

　表2-6は，2013年にLCGCが投入された当初のLCGC各社の販売動向をみたものである。トヨタ・アギアが単独でもセグメントシェア4～5割，ダイハツ・アイラと併せると7～8割と他社を圧倒している。トヨタが既存市場のローエンドでも大きな成功を収めたのである。

　ただ，月間販売はアギア単独で5000台程度，アイラと併せても9000台程度で，インドネシアのトヨタ，ダイハツに占めるLCGCの割合は，それぞれ2割程

表2-6　トヨタ，ダイハツがLCGC市場の7～8割を獲得——2013～14年のLCGC販売状況

セグメント	モデル	導入時期	2013年販売			2014年販売		
			月平均販売	セグメント内シェア	メーカー別販売構成比	月平均販売	セグメント内シェア	メーカー別販売構成比
LCGC	Toyota Agya	13年9月	5,503台	48.5%	5.1%	5,493台	41.8%	16.6%
	Daihatsu Ayla	13年9月	3,915台	34.5%	8.6%	3,534台	26.9%	23.0%
	Honda Brio Satya	13年10月	1,408台	9.3%	4.7%	1,930台	14.7%	15.8%
	Suzuki Karimun WagonR	13年11月	1,728台	7.6%	2.1%	1,377台	10.5%	10.3%
	Datsun GO	14年5月				2,069台	6.0%	19.0%

（注）「セグメント内シェア」は当該セグメントの通年の販売総数に占める当該車種のシェア。「メーカー別販売構成比」は各メーカーの通年の販売総数に占める当該車種のシェア。いずれも，2014年は8月まで。
（出所）Toyota Astra Motor, Honda Prospect Motor, Nissan Motor Indonesiaでのヒアリング結果に基づき作成。

表2-7　小型ミニバンがLCGCを大きく上回る——2013～14年の小型ミニバンの販売状況

セグメント	モデル	導入時期	2013年販売			2014年販売		
			月平均販売	セグメント内シェア	メーカー別販売構成比	月平均販売	セグメント内シェア	メーカー別販売構成比
MPV-Low	Toyota Avanza	04年1月	17,828台	49.7%	49.2%	13,699台	40.6%	41.5%
	Daihatsu Xenia	04年1月	5,486台	15.3%	36.2%	4,086台	12.1%	26.6%
	Honda Mobilio	14年1月				6,692台	17.5%	48.3%
	Suzuki Ertiga	12年4月	5,201台	14.0%	37.7%	4,176台	12.4%	31.1%
	Nissan Livina	07年4月	2,852台	7.9%	55.7%	1,825台	5.4%	14.9%

（注，出所）同前。

表2-8 2016年のカリヤ、シグラ、アギア、アイラ、および、アバンザ、セニアの動向

モデル	メーカー	1月	2月	3月	4月	5月	6月	7月	8月	9月	10月	11月	12月	合計
CALYA	TOYOTA	—	—	—	—	—	—	—	8,266	9,365	8,876	7,720	7,273	41,500
SIGRA	DAIHATSU	—	—	—	—	—	—	—	3,803	5,474	5,439	4,625	5,301	24,642
合計		—	—	—	—	—	—	—	12,069	14,839	14,315	12,345	12,574	66,142
AGYA	TOYOTA	4,286	4,848	4,823	5,246	5,630	5,607	3,082	3,059	2,706	2,773	3,088	3,052	48,200
AYLA	DAIHATSU	3,501	3,714	3,949	4,427	4,434	4,979	3,058	2,353	2,394	2,286	2,496	2,709	40,300
合計		7,787	8,562	8,772	9,673	10,064	10,586	6,140	5,412	5,100	5,059	5,584	5,761	88,500
AVANZA	TOYOTA	10,301	11,177	10,999	13,296	14,027	15,128	7,571	9,762	9,197	9,429	11,061	9,852	131,800
XENIA	DAIHATSU	3,527	3,577	3,671	3,954	4,284	5,797	3,771	3,423	3,168	3,182	3,693	6,025	48,072
合計		13,828	14,754	14,670	17,250	18,311	20,925	11,342	13,185	12,365	12,611	14,754	15,877	179,872

(出所) GAIKINDO (インドネシア自動車工業会) 資料。

度であった。他方で,3列シート7人乗りミニバンの好調は変わらず,トヨタ・アバンザがトヨタ全体に占める割合が4〜5割,ダイハツ・セニアがダイハツ全体に占める割合も3割前後で,いずれも最大の割合を占めていた。

好調なスタートを切ったカリヤ,シグラ,U-IMVは変わらず

2013年の発売以来,LCGCセグメントで好調な販売を続けてきたアギア,アイラだが,トヨタ,ダイハツはそれに安住することなく,インドネシア市場で売れ筋の3列シート7人乗りLCGC,トヨタ・カリヤ,ダイハツ・シグラを2016年8月にラインナップに追加した。

カリヤとシグラは2016年の発売当初から爆発的な販売を続けており,両車併せると月間1万台超を記録している。ただ,同時期にアギア,アイラが月間5000台ほど減っているので,LCGCのミニバン(カリヤ,シグラ)がハッチバック(アギア,アイラ)のシェアを奪った面はある。とは言え,トヨタ,ダイハツのLCGC全体(アギア,アイラ,カリヤ,シグラの合計)では差し引きして月間5000台のプラスとなっている。

他方で,同じ3列シート7人乗りのU-IMV(アバンザ,セニア)も,2016年は前年と同程度の16万台で推移した。U-IMVと同じ車型(3列シート7人乗り)の廉価モデルの投入にも関わらず,U-IMVはカリヤ,シグラにシェアを食われなかった。このため,トヨタ,ダイハツのLCGC全体が増えた分だけトヨタ,ダイハツの販売台数が増えており,カリヤ,シグラはトヨタ全体にとっても成功であった。

インドネシアではイノベータのジレンマを超えたトヨタ

　以上のように，トヨタは，高価格帯はもちろん，低価格帯にも積極的に新車を投入して成功を収めている。特に，カリヤ，シグラは大人7人が乗車できるミニバンで，エアコン，パワステなどの快適装備，エアバック，ABSなどの安全装備が標準装備でスマホをBluetoothで接続できるオーディオまで選べる。既存市場のローエンドに投入された同社の最廉価モデルの一つだが，コストは相当にかかっているだろう。他方で，同じ高コストでも高価格で売れる利益率の高いIMVも堅調である。にもかかわらず，カリヤ，シグラのようなモデルを開発し投入したことは，トヨタがインドネシアでは「イノベータのジレンマ」を超えたことを意味している。

ローエンドに誘導するインセンティブがあれば，利益率が低くても「逃走」したりせず，積極的に参入する

　だが，これはトヨタに限ったことではない。インドネシア政府のLCGC政策に呼応して，トヨタ以外にもホンダ，日産，スズキがLCGCに参入したように，既存市場のローエンドに誘導するインセンティブが提供されれば，ローコストで開発し，製造する能力のあるメーカーは，利益率が低くても「逃走」したりせず，積極的に参入する。しかも，ただ参入するだけでなく，トヨタ，ダイハツのように，ローエンドのLCGCセグメントで7～8割ものシェアを獲得するほど積極的に参入することもある。

インド，ブラジルもトヨタはジレンマを超えられるか

　以上のように，インドネシアではジレンマを超えたトヨタだが，インドネシアの倍ほどの市場規模があるインド，ブラジルでは苦戦が続いている。最大のセグメントである小型車セグメントに満を持して投入したEFC（モデル名エティオス）がまさかの失敗に終わり，両国ともシェア数パーセントに沈んだままである。その対策としてトヨタは2017年1月に5番目の社内カンパニーである「新興国小型車カンパニー」（組織図は図序–11）を新設した。このカンパニーはトヨタの社内カンパニーだが，2016年に完全子会社化されたダイハツが正式に組み込まれている。カンパニーのChairmanにはダイハツ取締役社長の三井

正則氏[3]，Presidentにはトヨタ常務役員の小寺信也氏が就任し，インドネシア以外の新興国でも，ダイハツを活用してイノベータのジレンマを超えようとするトヨタの姿勢は鮮明である．

「新興国小型車カンパニー」はインドでも通用する超低価格車を開発できるか

とはいえ，同カンパニーの最重要のターゲットの一つとみられるインド市場は，インドネシア市場とは比較にならないほど低価格志向が強い．インド市場の最量販車スズキ・アルト800の価格はわずか50万円，インドネシアのLCGCの半額以下であり，文字通りの超低価格車である．この価格で消費者にアピールできる性能と装備を開発し利益を確保するのは，ダイハツといえども不可能に近いかもしれない．さらに，30万円で発売されたタタのナノが失敗したことも記憶に新しい．インド市場といえども価格の安さ，Everyone Can Driveだけでは消費者に訴求できないのは明らかである．

ただ，スズキはこの不可能と思われる課題を解決し，インド乗用車市場で45％という圧倒的なシェアを維持し続けている．これは紛れもない事実である．また，インドでは全長4メートル以下の小型車は物品税が半額になるという政府のインセンティブもあり，スズキ以外のカーメーカーも低価格車に参入している．トヨタ，ダイハツもあらゆる条件を活用すれば，「50万円で充分魅力もある車」を開発できるかもしれない．

しかし，そのハードルはとてつもなく高いだろう．新興国小型車カンパニーはインドネシアでの経験を活用してLCGCレベル，すなわち100万円程度で仕様も魅力的な車の開発なら成功する可能性は高い．それでもブラジルなら通用するだろう．しかし，インド市場の最量販車はその半額であり，その実現こそが「新興国小型車カンパニー」に課せられた課題である．これだけ高いハードルに挑むとなれば，これまで培ってきたやり方では足りない．むしろこれまでのトヨタ基準，ダイハツ基準に適合したやり方が足枷になる．トヨタ，ダイハツは，インドネシアでの成功体験を「活かす」のではなく，「ゼロリセット」すべきではないか．トヨタ基準，ダイハツ基準に適合したやり方とは根本的に異なるやり方にこそ，活路があるのではないだろうか．

スズキとの業務提携，OEM供給でインドでのジレンマを克服

　このことも想定したかのように，トヨタとスズキは業務提携に向けた覚書を2017年2月6日に締結した。具体的には「環境技術」「安全技術」「情報技術」「商品・ユニット補完」等に関して「協業の実現に向け，検討に入る」と発表された。

　具体的な検討項目の一つに「商品・ユニット補完」が含まれており，スズキからトヨタへの「新興国向け低価格車」のOEM供給，ユニット供給が検討される可能性が示唆された。もしトヨタが新興国向け低価格車の開発をほんとうに「ゼロリセット」するなら，その後の方向としてスズキからの「新興国向け低価格車」供給は十分ありうるだろう。

　特に，インド向けの超低価格車に関しては，ダイハツ中心の新興国小型車カンパニーにはハードルが高いとみられるだけに，スズキからトヨタへの「新興国向け超低価格車」のOEM供給が実現する可能性は高いと言えよう。

[注]
1) IMVはInnovative International Multi-purpose Vehicleの略称。共通のIMVプラットフォームにピックアップトラック（IMV1, 2, 3, モデル名ハイラックス），SUV（IMV4, 同フォーチュナー），ミニバン（IMV5, 同イノーバ）のアッパーボデーが架装されたトラック系乗用車の総称である。インドネシアではミニバンとSUVが生産され，ピックアップがタイから輸入されている。U-IMVはUnder IMVの略称。IMVより一回り小さいミニバンで，モデル名はトヨタ・アバンザ，ダイハツ・セニアである。トヨタ・ダイハツLCGCはダイハツが小型車ブーンをベースに新規開発したモデルでハッチバックのアギア，アイラと，3列シート7人乗りミニバンのカリヤ，シグラがある。
2) 近年では，U-IMVもトヨタ・ダイハツLCGCと同様にダイハツ現地法人が単独生産してトヨタにOEM供給している。
3) 三井正則氏は2017年6月のダイハツ工業第176回定時株主総会で代表取締役会長に選任され，同時にトヨタ自動車専務役員の奥平総一郎氏がダイハツの代表取締役社長に選任されたが，新興国小型車カンパニーのChairmanは引き続き三井氏，Presidentも引き続きトヨタ常務役員の小寺信也氏が務めることになった。

第3章

スズキ45％のインド市場の急成長とトヨタの適応[1]
～イノベータのジレンマに陥るも進む能力構築とジレンマ克服の展望～

はじめに

　インドの乗用車市場は，日本の軽自動車ベースの低価格車，スズキのマルチ800が30年以上の長きにわたりベストセラーを続けたことに象徴されるように，低価格小型車の比率が高い。このため，低価格車で競争優位を持つスズキが，乗用車市場で45％という圧倒的なシェアを確保し続けている。また，近年では，物品税が半額になる4メートル以下のコンパクトセグメントが急拡大している。この急拡大するコンパクトセグメントにトヨタが満を持して投入したのが小型戦略モデルEFC[2]（モデル名エティオス）だが，価格が約70万ルピー（123万円）[3]と高く，インド市場で求められる低価格（最量販車アルト800で約30万ルピー，53万円）を実現できず，苦戦が続いている。そのため，世界市場ではトップを走るトヨタも，インドではシェア5％，第7位にとどまっている。ただ，2009年に約10万ルピー（17万5000円）という超低価格で発売されたタタのナノが失敗したように，低価格を前面に出すだけでは成功しない難しさもある。

　その一方で，日本円で数百万円に達する高価格帯のSUV/ミニバン市場[4]の成長が続いており，ここに多数のモデルを投入したマヒンドラがシェアを増加させ，トヨタもIMV（インドにはイノーバ，フォーチュナーを投入）[5]の好調が続いている。これだけ見ると，トヨタもインドではクリステンセンの言うイノベータのジレンマに陥っているようにみえる。とはいえ，完全子会社化したダイハツを活用してインドでのジレンマ克服を図る方向は鮮明である。

　第1節では，こうしたインド市場の特徴をメーカー別，セグメント別[6]に詳

細に分析する。続いて第2節では、ボリュームゾーンの小型コンパクトで苦戦が続くトヨタに焦点をあて、苦戦の背後で進化した部品開発能力、調達能力について分析する。「終わりに」では、新設の「新興国小型車カンパニー」がダイハツの低価格車の開発製造能力を活用するにとどまるのか、低価格ブランドを新設する方向に進むのかについて述べ、ジレンマ克服の展望を示したい。

第1節　スズキがシェア45％を維持したまま急成長を遂げたインド乗用車市場[7]
　　　　～300万台に迫る市場で繰り広げられる一強五弱の競争～

　最初に、急成長するインド乗用車市場の動向と、低価格車の成功でシェア45％と盤石の地位を確立しているインド市場の覇者、スズキの動向を概観しておこう。

1-1　21世紀に入って70万台から280万台へ4倍化、2021年には500万台へ

　インドは図3-1のとおり、2012年にトラック、バスを含む自動車市場の規模が350万台を超え、中国、米国、日本、ブラジルに次ぐ世界第5位の規模に躍進した[8]。トラック、バスを除く乗用車市場も2015年に過去最高の277万台に達した。2001年の69万台が2008年には154万台、2015年には277万台と、7年で倍、14年で4倍になる高い成長率である。21世紀に入って以降、2001～15年のインド乗用車市場のCAGR (Compound Average Growth Rate、年平均成長率) は10.45％に達している (表3-1参照)。
　これだけの高成長は、21世紀に入って以降では、他に中国があるのみである。ただし、中国の乗用車市場は2015年に既に2110万台 (自動車市場全体では2460万台) とインドの約8倍に到達しており、飽和 (サチュレーション) した感がある[9]。このため、人口が中国とほぼ同じで、台数が中国の約1/8のインド市場の成長に注目が集まっている。

第1節　スズキがシェア45%を維持したまま急成長を遂げたインド乗用車市場　71

図3-1　インド乗用車市場とGDPの成長

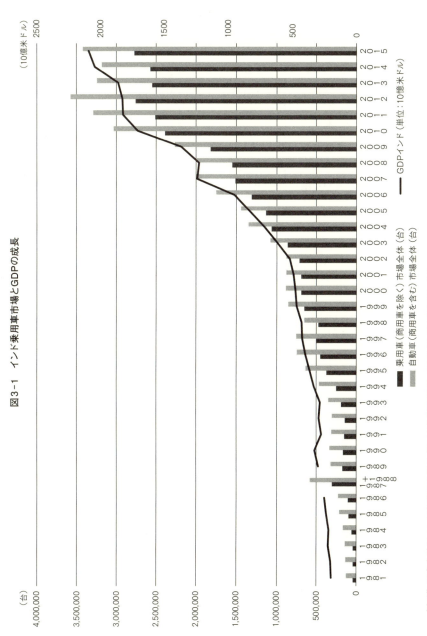

(出所)　販売台数はインド自動車工業会(SIAM)販売統計，GDPはIMFのWEOによる。

表3-1　時期別CAGR

年平均成長率（乗用車）		GDP成長率	出　典
①1981－1985	25.95%	4.86%	実績
②1985－1994	10.73%	3.82%	〃
③1994－1997	24.80%	8.32%	〃
④1997－2004	11.50%	7.92%	〃
⑤2004－2010	14.46%	15.45%	〃
⑥2010－2015	3.04%	4.12%	〃
⑦2016－2021（高）	9.85%	9.85%	IMFWEOベース
⑦2016－2021（中）	7.00%	7.00%	筆者予測
⑦2016－2021（低）	4.00%	4.00%	筆者予測
⑧2001－2015	10.45%	10.86%	実績

（出所）乗用車のCAGRはSIAM統計，GDP成長率は年平均でIMFのWEOより筆者作成。

　インドは同時期のGDP年平均成長率も，乗用車市場のCAGRとほぼ同じ10.86％となっており，21世紀に入り，GDPと乗用車市場の成長率が同期するようになった。インドは1980年代，90年代から乗用車に対する消費性向が高く，乗用車市場の成長率がGDP成長率を上回っていた。現在は両者が同期するように（乗用車市場の成長率がGDP成長率を上回らなく/下回らなく）なっており，経済成長が続く限り乗用車市場の成長も続くと予想される。そして，今後のGDP成長率の予測は，中国が7％を下回る一方で，インドは2020年に向けて10％超の成長を続ける見通し（IMFのWEOの予測）である。インド乗用車市場も2021年には楽観的な予測（CAGR 9.85％）で500万台，悲観的な予測（CAGR 4％）でも350万台に達する見込みである。
　以下，2015年のインド乗用車市場の競争の動向について，2005年と比較しながら，1-2 インドから始まるスズキの「21世紀のプロダクトサイクル」とトヨタ，ホンダの動向，1-3 メーカー別，1-4 セグメント別の順にみていく。

1-2　インドから始まるスズキの「21世紀のプロダクトサイクル」とトヨタ，ホンダの動向

　スズキは1980年代に日本で販売されていた軽自動車を28年間もインドに投入し続けて大成功を収めた。しかし，そのシンボルであるマルチ800を2014年に打ち切ると，最新モデルを世界に先駆けてインドから起ち上げる戦略に大転

第1節　スズキがシェア45%を維持したまま急成長を遂げたインド乗用車市場　73

図3-2　スズキ：マルチ800（1983［86］〜2014）31年で250万台，基本設計変更無

（注）写真は1986年に発売された2代目マルチ800。2014年に打ち切られるまで28年間，設計変更は行われず販売され続けた。1983年に発売された初代から数えると31年間で累計250万台が販売された。ベースモデルは軽自動車のスズキ・フロンテ（6代目）。
（出所）後藤理恵氏（Riemasala Pvt. Ltd.）の提供。インドのバンガロールで2018年3月撮影。

図3-3　スズキ：バレーノ（2015〜）

（出所）マルチスズキのディーラー「NEXA」のサイト nexaexperience.com より。

換した。新興国向けに開発したモデルに関しては，最新モデルを新興国から起ち上げる戦略は，21世紀に入ってトヨタ，ホンダも導入した戦略であり，本章ではこの製品戦略を「21世紀のプロダクトサイクル」と呼ぶことにしよう。以下，この「21世紀のプロダクトサイクル」について，主にインドから起ち上げることが特徴のスズキと，新興国同時起ち上げが特徴のトヨタ，主にタイ，インドから起ち上げるホンダを比較しながらみていこう。

　スズキは，2015年にハッチバックBALENOバレーノの生産と販売を世界最初にインドで起ち上げ，日本メーカーとして初めてインドから日本への輸出を開始した。この他に，主に新興国向けに開発され，2014年に起ち上げられた

ハッチバックの第2世代Celerioセレリオ、セダンの初代Ciazシアズでも、インドで最初の生産・販売の起ち上げを行っている。同様に、ミニバンのErtigaエルティガの生産・販売の起ち上げを、2012年4月にインドとインドネシアではほぼ同時に行っている。

　スズキの場合、セレリオ、シアズのように新興国向けに開発されたモデルは、インドから起ち上げるという方式が定着している。さらに、バレーノのように、日本に投入するグローバルモデルであってもインドから起ち上げるという方式も始まっている。インドで先に起ち上げて日本に輸出するというのは、日本の自動車メーカーでは初めてのケースである。

　トヨタは新興国専用車IMV（ハイラックス、フォーチュナー、イノーバ）の生産起ち上げを日本にマザーラインを置くことなく、新興国だけで、なおかつ主力拠点（タイ、インドネシア、南アフリカ、アルゼンチン、インド）では2004年から5年にかけて、ほぼ同時に行った。日本メーカーによる新興国同時起ち上げは、これが初めてのケースであった。トヨタはその後も新興国専用乗用車EFC（エティオス）を2010年にインドで起ち上げ、2012年にはブラジル、2013年にはインドネシアでも起ち上げていった。インドで生産されたエティオスは南アフリカにも輸出されている。さらに、2013年にはダイハツの小型ハッチバック・ブーンをベースにしたトヨタ・アギアとダイハツ・アイラをインドネシアで起ち上げ、2014年にはインドネシアからフィリピンへの輸出も開始している。

　トヨタの場合もスズキと同様に、新興国向けに開発されたモデルは、新興国から起ち上げるという方式が定着している。ただ、スズキの起ち上げが新興国ではインド、インドネシアに限定されるのに対して、トヨタの場合は、アジア、アフリカ、南米の多数の新興国から起ち上げられる点に特徴がある。IMVはタイ、インドネシア、南アフリカ、アルゼンチン、インドの主力5拠点に加えて、マレーシア、フィリピン、ベトナム、台湾、パキスタン、ベネズエラの6拠点でも起ち上げられており、合計11カ国で起ち上げられている。

　ホンダも新興国専用車Brioを2011年にタイとインドで起ち上げ、2013年にはインドネシアでも起ち上げている。新興国向けに開発されたモデルは、新興国から起ち上げるという方式は、ホンダでも定着している。

第1節　スズキがシェア45%を維持したまま急成長を遂げたインド乗用車市場　75

　以上のように，スズキ，トヨタ，ホンダのいずれも，日本で開発した新興国専用車を母国にマザーラインを置くことなく世界に先駆けて新興国から起ち上げ，新興国に展開する新たなプロダクトサイクル，「21世紀のプロダクトサイクル」をスタートさせている。日本からではなく，新興国から新興国に輸出するのも共通した特徴である。こうした輸出を最も大規模に行っているトヨタIMVの場合，輸出4拠点（タイ，インドネシア，南アフリカ，アルゼンチン）から170カ国に輸出している。規模は大きくないがスズキ・バレーノのように日本に逆輸入するケースも出始めている。このように，スズキ，トヨタ，ホンダでは新興国を起ち上げ拠点とする21世紀のプロダクトサイクルが定着し，さらに，スズキではインドを日本への輸出拠点とする方向への進化～淘汰される可能性を含んだ進化～が始まっている。

1-3　メーカー別～シェア4割，100万台超で他社を圧倒するスズキと7位に沈むトヨタ～

　スズキは，2015年も10年前の2005年と同様に乗用車市場で45%超のトップシェアを維持，台数も2010年に100万台を超えて以降，2011年にいったん100万台を割るものの2012年以降は一貫して100万台を超え，2015年にはインド市

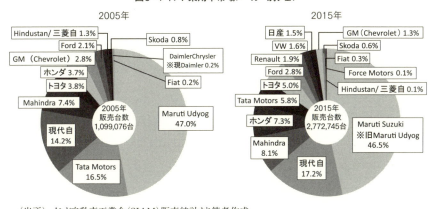

図3-4　インド乗用車市場メーカー別シェア

（出所）インド自動車工業会（SIAM）販売統計より筆者作成。

場における史上最高の1,289,128台に達している。2位の現代（476,001台）を2倍以上引き離して圧倒している。インドの乗用車市場においてスズキは，1990年代までは7割前後，2000年以降も4割以上のシェアをほぼ維持してきており，特にボリュームゾーンの軽自動車クラスで8割，全長4メートル以下のコンパクトセグメント[10]で5割（いずれも2015年）と圧倒的なシェアを確保している。

現代は15%程度のシェアは10年前と変わらないが，コンパクトセグメントへの積極的な新車投入の成功と，2位タタの失速で3位から2位に浮上した。タタはナノの失敗と新車投入の停滞でシェアを10%以上落として2位から5位に沈んだ。

マヒンドラは，他社と異なる独自のSUV中心のラインナップ強化が奏功して，4位から3位に順位を上げた。ホンダもコンパクトセグメントのアメイズ，ジャズ，ブリオが好調でシェア倍増，順位もタタ，トヨタを抜いて6位から4位に躍進している。

トヨタは，エティオス（EFC）が不調だが，イノーバ（IMV）が好調でシェアを3.8%から5%に上げるも，順位はホンダに抜かれて5位から6位に後退，タタの下に沈んでいる。

1-4　セグメント別

インドでは，図3-5のとおり，全長と排気量を基準にSIAMがセグメント分類を行っており，この分類が政府の税制上の優遇措置にも使われている。

表3-2と図3-6は，インド乗用車市場をSIAM基準でセグメント分類して，高成長の前後，2005年と2015年との販売台数を比較したものである[11]。2005年と比べて2015年はマイクロ＆ミニ（旧A1）セグメント比率が半減（43%→20%，スズキでは73%→34%）した。他方でコンパクト（旧A2）セグメント比率は3割アップ（16%→43%，スズキでも14%→44%）した。

他方で，全長と排気量を基準にした図3-5の分類とは別に分類されているUVセグメントが，図3-6のとおり2割を超えた。この3セグメントが50万台を超えるボリュームゾーンである。

第1節　スズキがシェア45%を維持したまま急成長を遂げたインド乗用車市場　77

図3-5　インド自動車工業会(SIAM)のセグメント分類基準：新旧比較

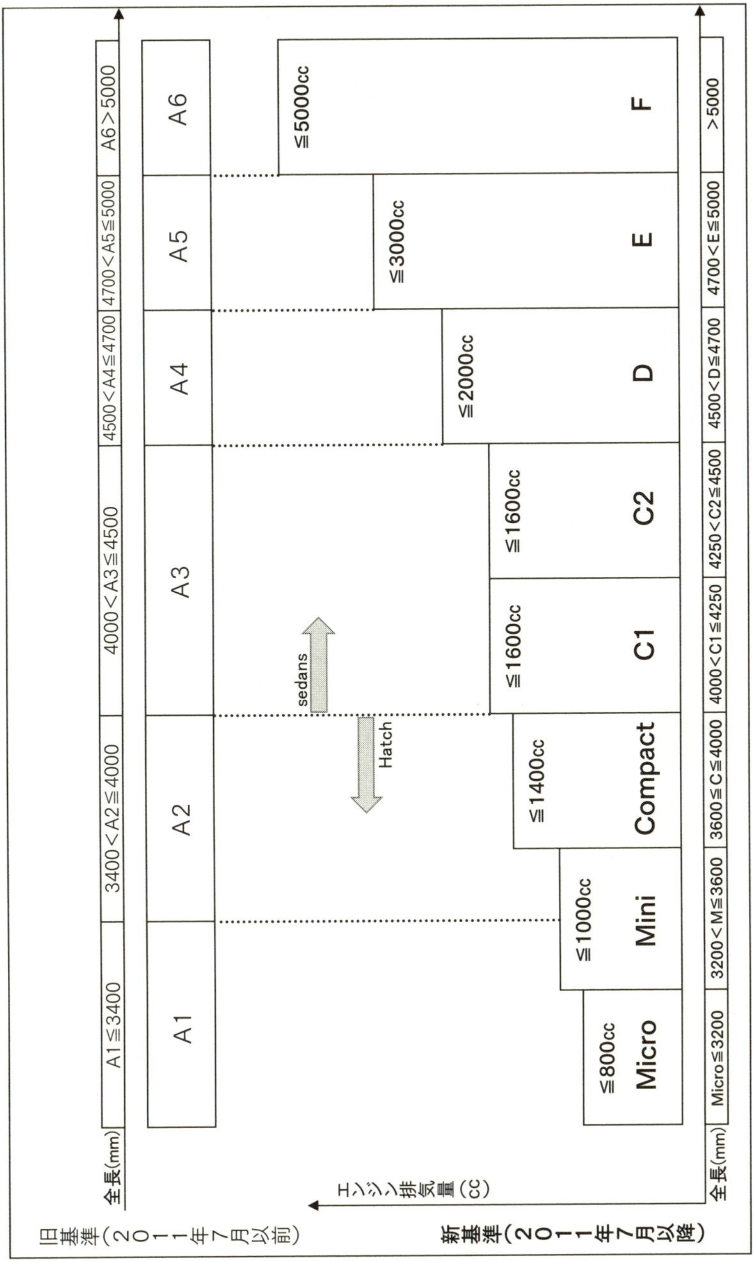

旧基準（2011年7月以前）

全長(mm)
- A1 ≦ 3400
- 3400 < A2 ≦ 4000
- 4000 < A3 ≦ 4500
- 4500 < A4 ≦ 4700
- 4700 < A5 ≦ 5000
- A6 > 5000

セグメント：A1、A2、A3、A4、A5、A6

←　エンジン排気量(cc)

新基準（2011年7月以降）

- ≦800cc : Micro（Micro ≦ 3200）
- ≦1000cc : Mini（3200 < M ≦ 3600）
- ≦1400cc : Compact（3600 ≦ C ≦ 4000）
- ≦1600cc : C1（4000 < C1 ≦ 4250）
- ≦1600cc : C2（4250 < C2 ≦ 4500） sedans / Hatch
- ≦2000cc : D（4500 < D ≦ 4700）
- ≦3000cc : E（4700 < E ≦ 5000）
- ≦5000cc : F（> 5000）

全長(mm)

（出所）Maruti Suzuki India資料。

表3-2　インド乗用車市場のセグメント別販売台数

2005年

セグメント		合計台数
SIAM新基準セグメント名	SIAM新基準全長 (mm)	(台)
Micro+Mini	3200以下 + 3200超3600以下	481,950
Compact	3600超4000以下	179,082
C1+C2	4000超4250以下 + 4250超4500以下	174,555
D	4500超4700以下	27,714
E	4700超5000以下	6,236
F	5000超	159
UV	―	187,649
バン	―	65,890
合　計		1,123,235

2015年

セグメント		合計台数
SIAM新基準セグメント名	SIAM新基準全長 (mm)	(台)
Micro+Mini	3200以下 + 3200超3600以下	555,701
Compact	3600超4000以下	1,197,090
C1+C2	4000超4250以下 + 4250超4500以下	262,114
D	4500超4700以下	17,040
E	4700超5000以下	2,069
F	5000超	35,045
UV	―	565,638
バン	―	173,092
合　計		2,807,789

（出所）インド自動車工業会（SIAM）販売統計より筆者作成。

図3-6　インド乗用車市場のセグメント別販売台数

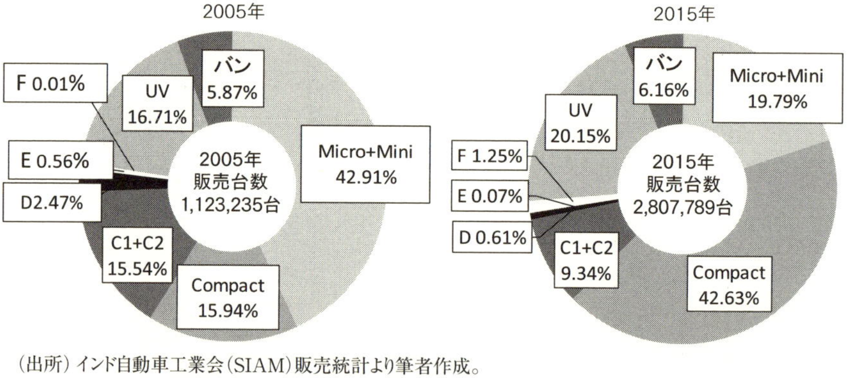

2005年 販売台数 1,123,235台
- バン 5.87%
- UV 16.71%
- F 0.01%
- E 0.56%
- D 2.47%
- C1+C2 15.54%
- Compact 15.94%
- Micro+Mini 42.91%

2015年 販売台数 2,807,789台
- バン 6.16%
- Micro+Mini 19.79%
- UV 20.15%
- F 1.25%
- E 0.07%
- D 0.61%
- C1+C2 9.34%
- Compact 42.63%

（出所）インド自動車工業会（SIAM）販売統計より筆者作成。

物品税優遇（24%→12%）基準への適応

　インドでは物品税が半減（24%→12%）する境界（基準）が，［全長4メートル，排気量 ガソリン：1.2ℓ，ディーゼル：1.5ℓ］となっている。コンパクトセグメントとC1セグメントの境界が全長4メートルでこの税制優遇の境界と一致しているため，コンパクトセグメントの比率が大きく増えた。

　全長4メートル以下等を基準にした物品税優遇は，2006年に24%を16%にするところから始まり，2008年に12%まで引き下げられて現在とほぼ同じ内容に

なった。その後，何度か微調整が行われているが，2016年現在では12.5％となっている。なお，インドの物品税率は一般に12％程度のため，12％（現在は12.5％）は他の物品の税率と同じであり「優遇」ではない。ただ，基本税率どおりにすることが，自動車税制の中では，結果的に優遇になっているので本章では「優遇」と呼んでいる。

　いずれにせよ，こうした物品税の優遇措置があるため，コンパクトセグメントのラインアップを充実させたスズキは好調にシェアを伸ばしたが，他方で，インド市場向け戦略モデルのエティオス（セダン）が全長4メートル以上で優遇を受けられずコンパクトセグメントで不振に陥っているトヨタは，他セグメントも含めたインド市場全体でもシェア5％，6位と苦戦している。トヨタ以外の主要メーカーは，SUV中心のマヒンドラを除いて，いずれもコンパクトセグメントのラインアップを充実させて販売を増やしており，明暗は鮮明である。

　以下，スズキとトヨタの主力車種を，物品税優遇の基準となる全長と排気量，その影響を受ける販売価格，販売台数について表3-3に整理しておく。

表3-3　スズキとトヨタの主力車種の概要

	Suzuki Swift（ハッチバック）	Suzuki Swift Dzire（セダン）	Toyota Etios（セダン）	Toyota Etios Liva（ハッチバック）
全長	全長3850mm	全長3995mm（2012年2月1日のフルモデルチェンジで4160mm→3995mmと165mm短縮）	全長4265mm	全長3775mm
排気量（※G:ガソリン D:ディーゼル）	G:1197cc D:1248cc	G:1197cc D:1248cc	G:1496cc D:1364cc	G:1197cc D:1364cc
販売価格	50〜65万ルピー（75万〜100万円）	50〜70万ルピー（75万〜105万円）	65万〜90万ルピー（100万円〜130万円）	50万〜75万ルピー（75万円〜110万円）
2015年の販売台数	206,924台（インド乗用車市場第2位，20万台を超えるのは1位のアルト800と3位のデザイアの3モデルのみ）	201,420台（インド乗用車市場第3位）	32,511台（デザイアの1/7）	22,139台（スイフトの1/10）

（出所）両社現地法人ウェブサイトより筆者作成。

第2節　トヨタのIMV&EFC戦略の限界と新たな挑戦

　トヨタのインド市場戦略はIMVとEFCを柱とするラインナップで構築されている。IMVは，新興国専用のトラック型乗用車（ピックアップトラック：IMV1, 2, 3：ハイラックス，SUV：IMV4：フォーチュナー，ミニバン：IMV5：イノーバ）で，グローバルには5車型の合計で年間100万台を超えるカローラと並ぶトヨタの最量販車である。インドにはフォーチュナーとイノーバが投入されている。EFC（開発サブネーム：Entry Family Car，モデル名：エティオス，同リーバ，同クロス）はインド市場攻略を目標に新規開発されたLCVである。以下，インドにおけるIMVとEFCの販売動向を詳しく見ていこう。

イノーバ（IMV5）はUVセグで2位と好調，グローバルでも2位のインドネシアと並ぶ

　ミニバンのイノーバ（IMV5）は投入された2005年に3万台を記録して以後，順調に台数を伸ばし，2012年はピークの7万3000台を記録，モデル末期の2015

図3-7　イノーバ（IMV5）［左］とフォーチュナー（IMV4）［右］

（注）上段は第1世代IMV（2004年～），下段は第2世代IMV（2015年～）である。インドでは，イノーバは2016年5月，フォーチュナーは同年11月に第2世代に移行した。第1世代IMVについては野村俊郎（2015a）を，第2世代IMVについては野村俊郎（2015b）を参照されたい。
（出所）トヨタ自動車でIMVの開発を統括する組織ZBの提供。

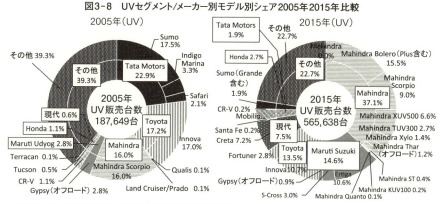

図3-8 UVセグメント/メーカー別モデル別シェア2005年2015年比較

(出所)インド自動車工業会(SIAM)販売統計より筆者作成。

年も6万台を達成，UVセグメントでシェア10%超，順位はトップシェアのマヒンドラ・ボレロに次いで2位となり，トヨタのインド市場シェアを5%まで押し上げる原動力となっている。SUVのフォーチュナー（IMV4）も2009年投入以来，順調に台数を伸ばし，2012年に19,812台のピークを記録，同じくモデル末期の2015年も15,909台を達成した。

　インドのIMVはイノーバ，フォーチュナーともに好調なセールスを続けており，表2-1のとおりIMVの販売が多い他の拠点国と比べても，2014年まではIMVトータルで第1位のタイ，第2位のインドネシアに次いで第3位であったが，2015年にはインドネシアを抜いて第2位となっている。さらに，イノーバ，フォーチュナーともに2016年にフルモデルチェンジしたため，近年はモデル末期で販売が減少していたが，新車効果で増勢に転じることが期待されている。

　IMVはいずれも，販売価格が高く（イノーバ140万ルピー≒200万円～，フォーチュナー250万ルピー≒370万円～），利益率も高いとみられ，EFCの不調が続く中，トヨタのインド事業の原動力になっている。以下，高い価格設定と並んで，IMVの高い利益率の要因となっている原価低減の取り組みをみておこう。

徹底した製造のコストダウンで高い利益率を達成
～IMVを生産するTKM第1工場～

　IMVはトヨタのインド現地法人トヨタ・キルロスカ・モーター（Toyota Kirloskar Motor，略称TKM）が生産している。TKMには二つの工場があるが，IMVはTKMの最初の工場として1999年12月に稼働した第1工場で生産されている。当初はイノーバ（フレーム）とカローラ（モノコック）の混流生産であったが，2012年6月にカローラが新設の第2工場に移って以降，第1工場がIMV専用工場となり，イノーバ（IMV5）とフォーチュナー（IMV4）の混流生産が行われている。

　第1工場は設備が古く旧式だが，あえて更新せず旧式のまま稼働させている。このためコンベアもベルト式でなく，台車をチェーンで牽引するチェーン式コンベアが使われているなど，古色蒼然たる雰囲気が漂っている。償却済みの設備を使って設備投資コスト削減を狙っているとみられる。

　このように設備は旧式だが，SPS，平準化された多車種多仕様混流生産，工数差の大きいモデルの混流でもバイパスラインを設置することなく追加人員を投入して手待ちのムダを低減するインラインバイパス，Pレーン，専任のカイゼンチームなど21世紀以降に標準化された新しい生産システムは一通り導入されている。これらによる地味なコストダウンも徹底している。生産能力9万台[12]で過去最高の2012年には9万台の生産実績があり，フル稼働している。

　高価格帯に投入されるIMVで，こうした徹底したコストダウンが実施されていることが，高い利益率の源泉とみられる。

8割の現調率，うち4割は純ローカル長距離輸送でもJITを実現するTLI

　イノーバの現調率は8割，4割純ローカル，4割日系，2割欧米系と純ローカルの比率が高い。調達面でのコスト削減は，コストの安い純ローカルの比率が高いことが大きな要因とみられる。

　これは，バンガロール周辺から調達するだけでなく，遠く離れたグルガオン（デリーの西側，陸上輸送で5日，スズキに供給するサプライヤーが多い），チェンナイ（インド東部，陸上輸送で1日，現代に供給するサプライヤーが多い），

プネ（インド西部，陸上輸送で2日，タタに供給するサプライヤーが多い）からも調達することで達成されている。

しかし，長距離輸送に伴う欠品を回避するためにTKMが部品在庫をもったり，輸送会社がクロスドックに流通在庫を持ったりすればコストが上がるため，調達面のコスト削減は，こうした長距離輸送でもJIT（ジャストインタイム）を実現出来るかどうかにかかっている。それを担っているのがTLIである。

長距離陸上輸送でもJITを実現するTLI①

TLI（トランスシステム・ロジスティックス・インターナショナル）は，1999年に事業を開始した物流会社で，出資比率は，三井物産51％，現地資本の物流会社TCI 49％である。事業内容は，①TKMの完成車をインド全国150のディーラーに配送，②サプライヤーが生産した部品をTKMに輸送する，③タイ，インドネシア等からの輸入部品（800～1000コンテナ/月の規模）をチェンナイ港で陸揚げしてTKMに輸送する，の三つに大別できる。このうち，②の詳細は以下のとおりである。

トヨタのサプライヤーをミルクランして集めた部品を2カ所（グルガオン33社分，プネ18社分）のクロスドックで中継してTKMに輸送する。チェンナイ33社分，バンガロール43社分はミルクランで集めてそのままTKMに輸送される。いずれもTKMにはJITで納品される。グルガオンからバンガロールは5日を要するが，トラックをGPSで管理，TKMのトラックヤードで時間調整してJITを実現している。

長距離陸上輸送でもJITを実現するTLI②

TLIの従業員は，事務系200人，運転手2000人で，自社トラック200台，下請（サブコン）トラック800台を運行している。サブコンは主要10社＋バックアップで60社と契約。TKMのミルクランはすべてTLIが受注しており，サプライヤーによる直納は皆無となっている。TLIはトヨタ紡織からの順引きも受注している。クロスドックは原則としてバッファストックゼロで管理されており，倉庫ではなく中継地として機能しているため，流通在庫もほぼない。

インド市場におけるIMVの限界

　以上のように、IMVは好調なUVセグメントで販売を伸ばすとともに、原価低減で利益も十分に出して、トヨタのインド事業の柱に育っている。たしかに、IMVが投入されているUVセグメントは、この10年で規模が倍以上に増加しており、絶対的な台数も565,638台と大きい。近年ではUVセグメントに集中するマヒンドラが3位に躍進しおり、インドにおけるラインナップの柱の一つをIMVとするトヨタの戦略は妥当であろう。

　とはいえ、インド乗用車市場全体に占めるUVセグメントの比率は2割に止まっており、やはり、インド乗用車市場のボリュームゾーンは全体の4割を占めるコンパクトセグメントである。このセグメントでシェアを取れるかどうかがインド戦略の成否の鍵を握っている。その意味では、IMVだけではインド市場を攻略できないことは明らかである。そこで、トヨタが満を持してコンパクトセグメントに投入したEFC（エティオス，同リーバ，同クロス）についてみていこう。

EFC（エティオス，同リーバ，同クロス）

　エティオスはEFC（Entry Famiry Car）という開発サブネームで開発された。欧州基準で分類すればBセグ（SIAM新基準C1セグメント，旧基準A3セグ）のセダンと、同じくBセグ（SIAM新基準コンパクトセグメント，旧基準A2セグ）のハッチバック（リーバLiva，クロスCross）がある。クロスはリーバにSUVテイストを加えたモデルである。エンジンはガソリン:1.2ℓ「3NR-FE」&1.5ℓ「2NR-FE」と、ディーゼル:1.4ℓ「1ND-TV」がある。2011年6月にインドのトヨタ・キルロスカ・モーター（TKM）に新設されたバンガロール第2工場でセダンをラインオフ、2013年3月にトヨタ・モーター・マニュファクチャリング・インドネシア（TMMIN）に同じく新設されたカラワン第2工場でハッチバック（現地名エティオス・ファルコ Valco）をラインオフした。

　このように、インドにはセダン，ハッチバック，SUVの3車型が、インドネシアにセダン，ハッチバックの2車型が投入されているが、セダンは全長4メートル以上（C1+C2セグメント）のためインドでは物品税優遇が適用されず65～90万ルピー（100万～135万円）となり、また、排気量1.2ℓのためインドネシ

アでも低価格グリーンカー(LCGC)恩典が受けられず中心価格は130万円程度となっている。インドでもインドネシアでも,プレミアム感が弱い一方で,値段の安さでも遡及できず不振が続いている。

図3-9 エティオス(上),同リーバ(下左),同クロス(下右)

(出所)Toyota India ウェブサイト http://www.toyotabharat.com/

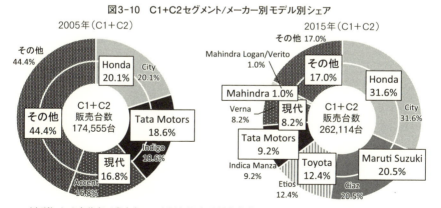

図3-10 C1＋C2セグメント/メーカー別モデル別シェア

(出所)インド自動車工業会(SIAM)販売統計より筆者作成。

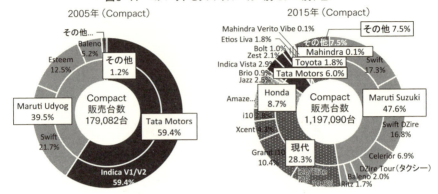

図3-11 コンパクトセグメント/メーカー別モデル別シェア

(出所) インド自動車工業会 (SIAM) 販売統計より筆者作成。

エティオス・リーバ

ハッチバックのエティオス・リーバは，物品税優遇（24%→12%）が適用される全長4メートル以下のコンパクトセグメントに投入された。20万台/年を超える大ヒットとなったスズキ・スイフト（ハッチバック），デザイア（セダン），および，それぞれ10万台/年を超えるヒットとなった現代i10，i20と同じセグメントであり，投入当初のトヨタの期待も大きかった。

物品税優遇が適用されるため，エティオス・リーバは税込価格を50万～75万ルピー（75万円～110万円）とセダンより大幅に安く，価格面で競合車と遜色ない水準に設定できた。仕様も全く見劣りしない。にもかかわらず，2015年の販売は2万台で，図3-11のとおりセグメントシェア1.8%とセダン（3万台，セグメントシェア12.4%）以上の不振となっている。

このように販売では不振が続くエティオスだが，開発面ではアローアンス（Allowance）の最小化という最新の手法でコストダウンを進め，調達面でもQCDの向上に向けた取り組みを進めている。その内容は以下のとおりである。

アローアンスの最小化～エティオスにおける企画・設計ルーチンの進化～

EFCはトヨタが単独で開発したため，TS（トヨタ・スタンダード）を基準として開発されている。この点がトヨタとダイハツの共同開発でTSとDS（ダイ

ハツ・スタンダード）をすり合わせながら開発されたU-IMV（Under IMV，トヨタ・アバンザ，ダイハツ・セニアとして発売）との違いである。しかし，TSのアローアンス（後述）を最小化するという新しい試みがなされている。これにより，グローバルスタンダードとしてのTSを維持しながらコストダウンを実現している。

品質のStandard（耐久性，品質保証，各種性能目標等）にはアローアンス（Allowance）がある。このアローアンスを小さくすることで，Standardは変えずにコスト削減を実現する。例えば，シートファブリックの耐久性ではこうである。

「企画」のStandardが30万回なら，「開発」が1割の余裕を見て33万回分の耐久性を確保する。この企画と開発の差，1割，3万回分がアローアンスである。Standardに対するオーバースペック分である。これを削ってコストを下げる。

これは，企画・開発におけるBufferless化であり，BufferedからBufferlessへの開発ルーチンの進化である。BufferlessはTPSの生産面での特徴[13]だが，企画・開発のStandardにおけるBufferlessはトヨタでもエティオスが初の試みで，TPSの新段階と言えよう。

イノベーションとしてはラジカルだが限界あり

EFCは，新興国車といえども先進国と共通のトヨタ・スタンダードを前提に，しかし新興国車にふさわしい低価格を追求して開発された。トヨタ・スタンダードを前提に，コストダウンの限界に挑戦したと言える。

この企画と開発のギャップ解消，開発側のバッファレス化は，企画と開発の関係に関するイノベーションであり，イノベーションとしてはラジカルである。また，企画組織が決めたStandardに対して開発組織がアローアンス（余裕分，バッファ分）を見て開発するという暗黙のルーチンが，余裕分を最小化して開発するというルーチンに変異しており，トヨタの製品企画・設計ルーチンの進化が見られる。

しかし，EFCの販売価格はインドで65〜90万ルピー（100万〜135万円），インドネシアで130万円前後と，70万円程度が多いLCVからは依然として距離が大きい。このことは，LCVをトヨタ・スタンダードで開発する限界を示している。

インドでのサプライヤー支援～SPTTとオンサイトサプライヤー～

　サプライヤー支援に関しては，トヨタが海外で一般的に行っているSPTT活動（米国でのTSSCが起源）がインドでも実施されている。SPTT（Supplier Parts Trucking Team）活動は，サプライヤーがQCDでTSをクリアできるように，調達メンバーに開発，生技，製造などのメンバーも加えたチームをサプライヤーごとに結成し，包括的カイゼン支援を行う活動である。阿吽の呼吸でQCDを改善できる系列サプライヤーでなくとも，すなわち，欧米系や純ローカルであってもトヨタ側の総合的な支援でQCDをTSレベルまで引き上げることを意図した活動である。純ローカルのサプライヤーでもトヨタと取引することが珍しくないインドではSPTTが広範に実施されている。

　また，近年タイ，インドネシアをはじめ新興国で広まってきたサプライヤーパークだが，TKMにもTT India（トヨタテクノパークインディア）というサプライヤーパークがTKMに隣接して設置されている。

　この他に，TKMにはオンサイト・サプライヤーも立地している。すなわち，エティオスに部品供給するサプライヤー7社をTKM敷地内に誘致している。たとえば，シートサプライヤーでは，それまでIMV，カローラ向けに供給してきたトヨタ紡織が選定されず，ジョンソンコントロールの現法，タタJCIが選定され，オンサイトで立地している。この他のオンサイト・サプライヤーとして，Stanzen Toyotetsu India Pvt. Ltd.（STTI），JBM Ogihara Automotive India Limited, Asahi India Glass Limitedなどがある。

　以上のように，EFCは最新のコストダウンの手法を駆使して開発され，EFCのために新設された新鋭工場で生産され，サプライヤーも純ローカルを活用するなど，満を持してインド市場に投入された。にもかかわらず，トヨタでは他に例を見ないほどの不振を極めており，トヨタ全体がインド市場で低迷する原因となっている。その抜本的な打開策が，ダイハツの完全子会社化，「新興国小型車カンパニー」の新設と見られる。最後にこれらの意味と展望を述べて本章を締めくくりたい。

おわりに

　以上のように，世界市場ではトップを争うトヨタも，インドの低価格車セグメント〜インド乗用車市場で最大のセグメント〜では，さまざまな革新的な試みにも関わらず，インドで必要な低価格を実現できず，乗用車市場全体でシェア5％と苦戦が続いている。その一方で，高価格のSUV/ミニバンセグメントでは，トヨタの新興国専用車IMVが競争優位を発揮してセグメントシェア第2位と健闘している。これだけ見ると，インド市場においてトヨタは，クリステンセンの言う「イノベータのジレンマ」に陥っているように見える。だとすれば，ジレンマ克服に向けたクリステンセンの処方箋は「目的ブランド」[14]である。「目的ブランド」は，オリジナルブランドのブランド価値を活用しながら，顧客のニーズ，「目的」に応じてブランドを使い分ける戦略である。自動車では仏ルノーが，子会社であるハンガリーのダチア社のブランドで低価格車ロガンを投入して大成功を収めた事例がある。

　トヨタも，インドネシアではダイハツと共同開発したU-IMV（トヨタ・アバンザ，ダイハツ・セニア）や，ダイハツが軽自動車ミラ・イースをベースに単独開発し，全量現地生産してトヨタにもOEM供給するトヨタ・ダイハツLCGC（ハッチバックのトヨタ・アギア，ダイハツ・アイラ，3列シート7人乗りのトヨタ・カリヤ，ダイハツ・シグラ）で成功を収めた経験がある。ただ，インドネシアの事例では，いずれの場合もダイハツブランドを前面に打ち出した低価格車というわけではなく，実際の価格も100万円以上でトヨタブランドでも販売されている[15]。

　しかし，インドで求められる低価格車の価格（50万円程度）は，ダイハツの小型ハッチバック・ブーンをベースに開発されたトヨタ・ダイハツLCGCの価格（100万円程度）の半分と大幅に低い。そこまで低い価格設定で実現可能な仕様，性能の車を開発し，それに見合うコストで生産する必要があり，さらに，そのような車をトヨタのブランド価値を活用しながら，それを損ねないように販売する必要がある。

ダイハツが日本の軽自動車で培った能力を総動員すれば、そうした低価格車の開発と製造は可能であろう。だが、それだけでは不十分で、そのような低価格車を「トヨタのブランド価値を活用しながら、それを損ねない」ような「目的ブランド」を新設する必要がある。

　おそらく、そうした使命を帯びてトヨタで5番目の車両カンパニー「新興国小型車カンパニー」が2017年1月に新設された。子会社とはいえ別会社のダイハツをトヨタの社内カンパニーのメンバーに加えての発足である。未だ設立されたばかりで詳細は不明だが、ダイハツの低価格車を「開発する能力」と「製造する能力」を総動員して、インド市場のような低価格車が大きな割合を占める新興国で勝負できる低価格車の開発を目指すと見られる。問題は、それがインドネシアの場合のようにダイハツの能力を活用するにとどまるのか、それとも、トヨタの低価格車ブランド、クリステンセンの言う目的ブランドの起ち上げまで進むのかである。新興国小型車カンパニーが目的ブランドを起ち上げるのかどうか現時点では不明のため、目的ブランドという視点からインドネシアの事例を振り返って考えてみよう。

　トヨタはインドネシア市場でU-IMVをトヨタ（アバンザ）、ダイハツ（セニア）の両ブランドで併売して成功すると、それに続くLCGCも両ブランドで併売した。すなわち、LCGCハッチバックをトヨタ（アギア）、ダイハツ（アイラ）の両ブランドで、LCGCミニバンをトヨタ（カリヤ）、ダイハツ（シグラ）の両ブランドで併売した。U-IMVもLCGCも、同じモデルをブランド名、モデル名とそのエンブレムだけを変えて併売した。

　しかし、単純な併売ではなく、U-IMVでもLCGCでもダイハツのモデルはトヨタのモデルより仕様を落として、トヨタよりも低い価格設定として棲み分けている。このため、インドネシアでは、「ダイハツ」が低価格帯の目的ブランドに見えなくもない。

　しかし、エンブレムと仕様が違うだけで外見は同じ車をトヨタブランドでも販売しているため、ボッテガ・ヴェネタ（BOTTEGA VENETA）がグッチ（Gucci）グループの中級ブランドとして、ザ・リッツ・カールトン（The Ritz-Carlton）がマリオット（Marriott）グループの高級ブランドとして認識されているほどには、ダイハツはトヨタグループの低価格ブランドと認識されていない。

低価格帯での競争が激しいインド，ブラジル両市場で低価格帯の攻略（高いシェア）を狙うのが新興国小型車の使命だとすれば，トヨタは高品質だが高価格というブランドイメージが確立しており，低価格でも高品質というブランドイメージを新たに確立する必要がある。その新ブランドを「ダイハツ」とするか「全くの新ブランド」とするかは慎重な検討が必要だろうが，低価格高品質のブランドが必要なことは間違いない。インドネシアのケースとは異なり，新興国小型車では，低価格高品質のブランドでの単独販売が求められる。

[注]
1) 本章は，2006年8月，2012年8月，2018年3月にインドで実施した現地調査，2006年8月，2013年3月，2014年12月にパキスタンで実施した現地調査で入手した情報，およびインド自動車工業会（Society of Indian Automobile Manufactures，略称：SIAM）の統計に基づいて作成した。現地調査では，トヨタ，スズキ，ホンダの現地法人，デンソー，ボッシュなど部品メーカーの現地法人で工場見学とインタビューを実施した。
2) EFCはトヨタの開発サブネーム（プラットフォーム名）でEntry Family Carの略称。小型セダンのエティオス，小型ハッチバックのエティオス・リーバ，小型SUVのエティオス・クロスの3モデルがある。詳しくは第2節を参照されたい。
3) エティオス，アルト800ともに2016年12月時点の首都デリーでの中心価格。エティオスはセダンの価格，アルト800はマルチ800の後継モデル。円換算は1インドルピー＝1.75円（2009～16年の平均レート）で行った。換算レートは以下同様。ナノは発売当時（2009年）の最安グレードの価格を前記平均レートで円換算した。ナノの現行モデル（2015年発売）は最安でも約20万ルピー（35万円）である。
4) インド自動車工業会の分類では，UV（Utility Vehicle，ユーティリティ・ビークル）セグメントと呼ばれている。
5) IMVもトヨタの開発サブネーム（プラットフォーム名）でInnovative International Multi-purpose Vehicleの略称。IMV1，2，3がピックアップトラックでハイラックス，IMV4がSUVでフォーチュナー，IMV5がミニバンでイノーバというモデル名で販売されている。IMVについて詳しくは第2節，および，野村俊郎（2015a）（2015b）を参照されたい。
6) 本章では必要に応じてモデル別動向も紹介するが，インド自動車工業会（SIAM）は，2013年3月以前のモデル別統計を公表していない。ただ，FOURINは独自に入手したデータで2002年以降のモデル別統計を公刊（『インド自動車・部品産業 2013』『同前 2016』等）している。さらに，ここ数年の現地調査等で1994年以降のモデル別SIAMデータを入手したので，それもあわせて，1994～2015年のモデル別動向を紹介する。
7) SIAMは，マイクロ，ミニ，コンパクト，C1，C2，D，E，Fにセグメント分類される「乗用車」と，「UV」，「バン」を別にしている。しかし，「UV」，「バン」は客貨両用のトラック系乗用車として使用されておりSIAMも「商用トラック，商用バス」とは別に分類している。そこで本章では，「UV」「バン」も含めて「乗用車市場」とし，その合計を「乗用車市場の台数」とした。本章はこの「商用トラック，バスを除くインド乗用車市場」を中心に分析を進めている。
8) 伸び率で見ても，トラック，バスを含む自動車市場全体で，2001年の874,781台が2008年には1,984,188台，2015年には3,425,336台と，7年で2.3倍，14年で3.9倍になる高い成長率である。
9) 中国市場は全体で3000万台までは飽和せず伸び続けるという見方もあるが，2017年に全体で2888

万台（乗用車市場だけでも2472万台）に達しており，あと数年で飽和するとみられる。
10) インドの税制上の優遇措置は全長4メートル以下，排気量1200cc（ガソリン），1500cc（ディーゼル）以下に適用される。日本の軽自動車の基準は全長3.4メートル以下，排気量660cc以下のため，軽自動車をベースに開発された車は，インドでも税制上の優遇が受けられる。ただし，インドに投入されるモデルの排気量は約800ccに拡大されている。日本の軽自動車をベースに開発された車のうち軽乗用車のマルチ800，アルト800はインド自動車工業会（SIAM）の基準では「ミニ」セグメント（全長3200mm超3600mm以下，図3-5を参照）に，同じく，軽ワンボックスのオムニは「バン」セグメントに分類されている。
11) ただし，MicroとMini，C1とC2は，煩雑さを避けるため，それぞれ一括して一つのセグメントとしている。
12) 第1工場の生産能力は，2012年に8万台から9万台へ，2013年には10万台まで増強されている。
13) クラフチックに依拠しながら，生産面でのTPSの特徴をBufferlessと規定したのは，野原光氏である。野原光（2006）196頁。アローアンスの最小化は，それが企画・開発面にも及んだことを意味する。
14) Christensen, Clayton M., Raynor, Michael E.（2003），クリステンセン・レイナー（邦訳2003）。
15) ただし，トヨタ・ダイハツLCGCはいずれもインドネシア政府のLCGC（Low Cost Green Car）認定を受けており，その認定条件の一つ「車名とロゴ，ブランド名はインドネシアの要素を含まねばならない」を充たすため，合弁パートナーの名称と組み合わせた「アストラトヨタ」，「アストラダイハツ」のブランドで販売されている。

第4章

スズキ, トヨタのパキスタン市場戦略と生産・調達の工夫[1]
～ブルーオーシャンで成功した二つの戦略～

はじめに

　本章では, インドと並んでスズキが大きなシェアを占めるパキスタンの自動車市場を取り上げ, ①競争相手がまったくおらず, 文字通りのブルーオーシャン（チャン・キム（邦訳2013））だった1970年代に参入して今日まで大きなシェアを維持してきたスズキと, ②日系3社（スズキ, トヨタ, ホンダ）の競争態勢に移行する90年代に参入しながら, インドと異なりカローラで乗用車のトップシェアを獲得するまで成長したトヨタの, いずれも見事な適応, 市場戦略成功の秘密を明らかにしたい。

　両社の市場戦略は, 乗用車で15万台程度, 乗用と商用[2]を合計しても20万台程度の「小規模」な市場, 乗用車ではスズキ, トヨタ, ホンダの3社のみ, 商用車も日野, いすゞなどの日本メーカーのみが参入している「競争の激しくない」市場（ブルーオーシャン）を念頭に構築されている。以下本章では, 両社のブルーオーシャン戦略を, 開発（顧客創造と原価低減）, 製造, 部品調達の三つの側面から分析していく。ここではまず, それぞれの概要を見ておく。

　スズキの主力モデル, メヘラン, ラビ, ボランはいずれも70万ルピー（80万円）以下, メヘランの最廉価モデルは約60万ルピー（70万円）という低価格を実現し, パキスタンでは既存市場のローエンドで需要創造に成功した[3]。メヘランは1982年の発売から2007年までトップシェアを維持し, その後も現在までカローラと首位を争っている。メヘランにはダイハツクオーレ（軽自動車ベース）という競合車があったが, 1999年に投入以来, 一度もメヘランを逆転できないまま2011年に打ち切りとなった。2015年現在, メヘランに同じ価格

帯の競合車はいない。低価格ハッチバックのセグメントは再びブルーオーシャンとなっている。

また、ラビは1978年の発売以来ピックアップトラックのセグメントで、ボランは1983年の発売以来ワンボックスバンのセグメントで、それぞれ競合車も無く、30年にわたりセグメントのトップをキープし続けている。

他方でトヨタは、乗用車ではカローラの最新モデルを投入する持続的イノベーション（クリステンセン（邦訳2003））で、商用車でも新興国戦略車IMV[4]の最新モデルを投入する持続的イノベーションで、それぞれ顧客創造に成功している。

このように顧客創造に成功する一方で、スズキは日本の、トヨタはタイの、それぞれオリジナルモデルのコピー図面をベースに現地生産しており、パキス

図4-1 カラチのディーラーに展示中のメヘラン

（出所）2014年12月、カラチ市内のスズキディーラーにて筆者撮影。

図4-2 カラチ市内を走行中のラビとボラン

（出所）2014年12月、カラチ市内にて筆者撮影。

図4-3 パキスタンに投入されていた第1世代IMV（2011年マイナーチェンジモデル）

IMV1：HILUX：PUシングルキャブ

IMV3：HILUX：PUダブルキャブ

IMV4：FORTUNER：SUV

（注）写真は第1世代IMVの2011年マイナーチェンジモデルだが，現在は第2世代が投入されている。PUはPickup Truck，SUVはSport Utility Vehicleの略である。
（出所）写真は，トヨタ自動車製品企画本部ZBの提供。

タン向けの開発コストはかかっていない。すなわち，トヨタは，乗用車ではカローラ，商用車ではIMVにラインナップを絞り込み，タイのコピーモデル（タイと同一設計のモデル）を投入している。また，スズキはメヘラン（ベースは軽乗用車），ラビ（同じく軽トラ），ボラン（同じく軽バン）の現行モデルを1978年（ラビ），1983年（ボラン），1988年（メヘラン）に投入以来，今日まで30年にわたり基本設計を変えずに継続している。

トヨタ，スズキ両社ともに，開発コストの大幅な削減に成功しているとみられる。以上が開発面でのブルーオーシャン戦略の概要である。

次に製造面でのブルーオーシャン戦略の概要をみておく。パキスタンでは，①高い完成車輸入関税と，②国産化指定部品を輸入すると課税されるペナルティ関税を柱とする国産化政策により，市場に参入するメーカーは台数が少なくても現地生産を行わざるをえない。そこで，少ない台数でも利益を確保できるよう，スズキ，トヨタともに最小の設備投資で最大限の効率化を進めている。

第三は部品調達面でのブルーオーシャン戦略の概要である。部品調達でも，パキスタンには日系サプライヤーの進出が少なく，純ローカルからの調達がほとんどであるため，これを逆手にとったコストダウンが進められている。

こうした純ローカルのサプライヤーは，先進国メーカーと技術提携さえしていない所が多く，部品を見て図面を作るリバースエンジニアリングなどで図面を作成して「コピー生産」を行い，ロイヤリティ節約分だけコストを削減している。

以下，パキスタンにおけるスズキとトヨタの顧客創造成功の秘密を第1節

で，次に低価格と利益確保の秘密を第2節（製造の工夫）と第3節（部品調達の工夫）で詳しく見ていく。

第1節　スズキとトヨタのパキスタン市場戦略

1-1　インドと同じく5割を超えるシェアを獲得・維持するスズキ

規模が小さく競争も弱いパキスタン市場～共生型ブルーオーシャン～

　まず，パキスタン市場の特徴を見ておく。パキスタン市場は2004年度以降，乗用車15万台前後，商用車2万台程度の市場規模[5]で推移しており，乗用と商用を合計しても，2006年度を除いて20万台に達していない[6]。人口は，インドネシア，ブラジルに次いで世界第6位，近年では2億人に迫る規模に達しているが，自動車販売の規模は一桁小さい。参入しているメーカーも下記の日系数社のみで，日米欧の主要メーカーが参入しているインド，ブラジルに比べると格段に少ない。小規模市場を巡って少数企業が競争する市場である。

　規模が小さいため，同一セグメント内，同一価格帯での競争は弱く，未だないに等しい。市場の伸びも小さいため，21世紀以降では新規参入もほとんどない。

　複数企業が参入しているため，もはやブルーオーシャン（競争相手の全くいない市場）ではないが，インド，ブラジルのようなレッドオーシャン（血みどろの競争が行われている市場）には程遠い。参入メーカーがセグメントを棲み分け，共生している市場である。そのような意味では，共生型のブルーオーシャンである。パキスタンでは，30年前の軽自動車を現地化したスズキ・メヘラン（インドでは打ち切られたマルチ800の姉妹車）が現在も好調を続けている。メヘランは，パキスタン市場の競争なき共生の象徴である。

乗用車は日系3社，商用車も実質的に日系4社のみが参入

　パキスタンの新車市場は，日本ブランドが乗用の100％，商用でもほぼ100％のシェアを占めている。乗用ではスズキ，トヨタ，ホンダのみが参入してお

り、この3ブランドで文字通り市場の100％を占有している。商用でもスズキ、トヨタの小型商用車が8割以上を占め、残りを日野、日産ディーゼル、三菱ふそう、いすゞのトラック、バスが占めている。日本以外では、ランドローバー（パキスタンでは商用に分類）のみが参入しているが、年間数百台の販売で1％未満のシェアである。

　自動車市場全体の8割を占める乗用車市場では、インドと同様にスズキのシェアが大きく5割以上を占めている。2位はカローラの販売が好調なトヨタで市場の3割を、3位はホンダで市場の2割弱を占めている。乗用車市場はこの3社で100％に達する。

　さらに、スズキは小型商用車で商用車市場の6割以上を占めており、乗用、商用の全体でみてもパキスタン市場のトップメーカーとなっている。

　以下、パキスタン市場が文字通りブルーオーシャンであった1970年代からパキスタン市場に参入し現在も市場シェアトップを維持しているスズキと、それに10年以上遅れて90年代に参入しながらカローラで乗用車市場トップに立ち、IMVで1トンピックアップ市場を独占するトヨタについて見ていく。まず、スズキから見ていこう。

**競争相手の全くいない市場（ブルーオーシャン）に
他社より10年以上先行して参入**

　パキスタンは今でこそ人口1億8000万人、インドネシア、ブラジルに次ぐ世界第6位の人口大国として注目されているが、1960年代から70年代にかけては、インドとの3回に渡る戦争（印パ戦争）、バングラデシュ独立戦争などで政情不安が続き、スズキがライセンス生産を開始する70年代後半にはジア＝ウル＝ハク将軍による軍事クーデターで戒厳令が敷かれ、ブット首相が逮捕、処刑されるなど混乱は頂点に達していた。

　1970年代は新興国の多くで完成車輸入を禁止して自動車国産化を進める政策が取られており、パキスタンでも現地市場に参入するには現地生産が必要であった。とはいえ、上記のような状況で現地生産を検討する自動車メーカーはスズキ以外になく、パキスタンは競争相手の全くいない市場（文字通りのブルーオーシャン）となっていた。スズキの次にトヨタ、ホンダが参入したのは

スズキがライセンス生産で参入した1975年から15年ほどたった1990年代のことである。まず，スズキがブルーオーシャンに果敢に挑戦してきた歴史を見ておく。

スズキのブルーオーシャンへの挑戦～現地生産40年の歴史～

スズキは，現地国営企業でのライセンス生産の時期も含めると40年以上，現地法人Pak Suzuki設立後でも30年以上に及ぶパキスタンでの現地生産の歴史を有している。今日では，スズキの海外事業と言うと，他社に先駆けて参入して大成功したインド事業が先ず思い浮かぶ。しかし，現地生産開始時期ではパキスタンが先行している。そこでまず，スズキのパキスタンでの現地生産の歴史（それは，競争相手の全くいない市場への挑戦の歴史でもあった）を振り返っておこう。

スズキの現地生産は，1975年に国営ナヤドールモータースNaya Daur Motorsが，スズキのライセンスを受けて，軽四駆ジムニーの生産を開始したところからスタートする。続いて，国営アワミオートスAwami Autos（AA）が，1978年にスズキのライセンスを受けて，800ccピックアップトラック（ベースは軽トラのキャリー，現地名ラビ）の生産を開始する。この年，パキスタンではジア＝ウル＝ハク将軍による軍事クーデターが起こり，ブット首相が逮捕，絞首刑となっている。全土に戒厳令が敷かれた状況での量産開始であった。アワミオートスは1982年9月に，後に市場シェアトップのベストセラーとなる800cc乗用車，初代メヘラン（ベースは軽乗用車のフロンテ）のライセンス生産を開始する。

スズキの海外生産はインドが先行しているイメージがあるが，インドでの現地生産は1983年12月のマルチ800が最初であり，パキスタンでの現地生産がインドに8年先行，軽自動車ベースの乗用車（パキスタンではメヘラン，インドではマルチ800）でも1年先行している。そもそも，スズキの四輪の海外生産は，パキスタンでの現地生産（1975年）から始まっており，パキスタンはスズキの海外生産の原点である。

この時期のパキスタン自動車市場は，競争相手のいないブルーオーシャンであり，この時期にライセンス生産という形でも現地生産をスタートさせてお

たことが，スズキに先行者利益をもたらし，その後に大きなシェアを確保していく決定的な条件となったと考えられる。

スズキは，ナヤドールモータースでのライセンス生産開始から8年後，アワミオートスでのライセンス生産開始の翌年，1983年8月に，パキスタン自動車公団 Pakistan Automobile Corporation（PACO）の合弁で，現地法人パックスズキ Pak Suzuki Motor Co., Ltd. (PSMC) を設立する。

設立時の出資比率はスズキ12.5％（現金出資），PACO87.5％（アワミオートスの土地，建物等での現物出資）と，完全な現地マジョリティで経営権はPACO側に握られていた。そのような形でしか現地法人をスタートさせられない状況でも現地法人設立を決めたことで，スズキは競争相手の全くいない環境（ブルーオーシャン）で事業を加速させることが出来た。

現地法人設立を受けて，パックスズキは，アワミオートスの敷地，工場を引継ぎ，1984年1月，カラチ港のウェストワーフ West Wharf にて稼動を開始する。

ただ，ウェストワーフの敷地は手狭で能力増強の限界が明らかだったため，稼働開始5年後の1989年3月には，同じカラチ市内のビンカシーム Bin Qasim で新工場の定礎式が行われた。そして，1992年3月には，年産5万台の能力を持つビンカシーム工場が稼動する。このビンカシームが現在に至るパックスズキの立地先である。こうして，スズキはブルーオーシャン戦略を加速する生産上の基礎を固めていった。

このように生産上の基礎を固めると，次にスズキは経営上の基礎も固めていく。まず，1992年9月，スズキの出資比率が40％に増え，パックスズキが民営化される。

さらに，1996年7月にPACOが保有していた全株をスズキに売却したため，合弁契約が終了し，スズキの出資比率は，73％に増えた。残りの27％は上場しているため一般株主が保有している。これにより，スズキはパックスズキの経営権を完全に掌握した。

90年代にトヨタ，ホンダが進出して乗用車市場が3社の競争態勢に移行し，パキスタン市場が完全なブルーオーシャンでなくなるという環境変化に対応しながら，難しい舵取りを進めていくうえで，経営権を掌握したことは重要な意味を持ったであろう。

パックスズキは21世紀に入ると生産能力の拡張を加速させ、2005年、2006年、2007年に、生産能力を8万台、12万台、15万台へと倍近くまで拡張している。

こうしてブルーオーシャンでのビジネスを成功させたパックスズキは、2009年8月にパキスタンでの4輪車生産100万台を達成する。こうした成功をもたらしたのが、日本でも「アルト47万円」で知られる低価格戦略である。パキスタンでの低価格戦略の担い手はメヘラン（ベースは軽乗用車フロンテ）、ラビ（ベースは軽トラのキャリー）、ボラン（ベースは軽ワンボックスのエブリイ）であるが、ここでは、最も販売台数が多くスズキの低価格戦略の象徴であるメヘランに焦点をあててみていこう。

30年間基本設計不変でトップシェア～スズキの市場戦略～

スズキの主力乗用車であるメヘランMehranは、同社が30年前に日本で販売していた軽乗用車フロンテをベースに開発されたモデルである。

スズキの日本市場での現在の主力はアルトだが、30年以上前、1979年に日本でアルトが発売された当時、主力はフロンテであり、アルトはフロンテの商用版（プラットフォームが共通の商用車）であった。

メヘランには、国営Awami Autosが1982年から88年まで生産していた「初代モデル」と、スズキの現地法人Pak Suzuki設立後の1988年に投入された「現行モデル」がある。「初代モデル」は5代目フロンテSS30/40型（1979-84年）をベースに、「現行モデル」は6代目フロンテCB71/72型（1984-88年）をベースに開発されたモデルで、いずれもインドのマルチ800とプラットフォームが共通の姉妹車であった。乗車定員を4人から5人に増やし、エンジン排気量を553ccから796ccにアップしていることも共通している。

「現行モデル」は排ガス規制でEURO IIに対応するなどの改良も加えられているが、基本設計は30年前から不変のままで、安価に提供し続けることで既存市場のローエンドで顧客を確保することに成功している。初代モデルは1979年発表の「国民車構想」で81年に認可されてスタートし、現行モデルで長年にわたってトップシェアを維持する「国民車」に育っていった。

インドのマルチ800が2014年に打ち切られて以降、メヘランはスズキで最も基本設計の古い車となっており、製品イノベーションに取り残されているよう

にも見えるが，それでも，それだからこそ低価格を維持でき，パキスタンでは成功を続けている。

メヘラン成功の鍵＝市場最安の価格

　メヘランは，統計が存在する1995年から2006年まで一貫してトップシェアを維持していることが確認できるが，それ以前についても，1980年代にはパキスタン市場に参入しているメーカーがスズキだけで，乗用車のモデルもメヘランしかなかったため，1982年の販売開始からトップだったと推定される。パキスタン市場はスズキの参入当初，メヘランの投入当初はチャン・キムの言うブルーオーシャン，競争相手のいない市場だったのであり，スズキはそこを低価格戦略で攻略して成功させた。

　1990年代のトヨタ，ホンダ参入後は，文字通りのブルーオーシャンではなくなり，2007年にはカローラによる逆転を許すことになるが，それでも2012，13年には首位に返り咲いており，依然として高い競争力を維持し続けている。

　その競争力の源泉は，他車を圧倒する低価格である。メヘランの60万ルピー台（70万円台）という価格は，パキスタン市場の乗用車で最も安く，トップシェアを争うカローラの170万ルピー（200万円，1.3ℓモデル）と比べて3分の1，同じ軽自動車ベースのワゴンRの90万ルピー（100万円）と比べても3割安い。

　これに加えてタリバン[7]が支配する北西部辺境地域まで全土に広がるディーラー網[8]，長年にわたって培ってきたスズキ・ブランドのイメージの良さもあり，パキスタンでは，この低価格がトップシェアをもたらすほどの顧客を創造する。なお，トヨタはパキスタンの所得水準から見て高価格の最新モデルを投入していく持続的イノベーション戦略で顧客獲得に成功しており，低価格戦略だけがパキスタン市場での成功の鍵とは言えない。とはいえ，パキスタンはインドと同様に低価格戦略が大きく成功する市場であることは間違いない。

　では，この他車を圧倒する安さの秘密はどこにあるだろうか？　以下，開発，製造，調達の三つの側面から見ていこう。

他車を圧倒する低価格の秘密　①古い設計

　既に述べたとおり，メヘランの現行モデルは，パキスタン市場に投入された

のが1988年と古く，投入から30年近く経過しているため，車両本体と内製部品の開発コストはとうの昔に回収済みとみられる。また外注部品のサプライヤーは純ローカルがほとんどで，技術援助契約も結ばないまま，部品の現物を見て図面を作成（リバースエンジニアリング）している。このため，オリジナル図面を所有する日本等の部品メーカーに対するロイヤリティは支払われておらず，その分は外注部品のコストに含まれていない。

　また，ベースモデルであるフロンテが1989年に日本で打ち切られて久しく，日本のスズキの現行ラインナップにメヘランのベースになるほど低価格のモデルもない一方で，現行メヘランでも市場シェアトップを争う競争力があるため，1988年から現在まで基本設計は変更されておらず，モデルチェンジのための開発コストもかかっていない。

　以上が，開発コストからみたメヘランの低価格の秘密である。

　なお，メヘランとプラットフォームを共有していたインドのマルチ800の方は2014年に終了となり，日本の7代目アルト（HA25S/25V/35S型，2009年-2014年）をベースにしたアルト800が投入されている。このインドのアルト800をベースにメヘランのモデルチェンジが検討されている模様だが，アルト800とメヘランでは台数に10倍程度の差があり，価格もメヘランの65万パキスタンルピー（75万円）に対してアルト800は35万インドルピー（65万円）と10万円ほど安く，低価格を維持したままメヘランをモデルチェンジするには，インドから安価なアルト800の部品を輸入することが望まれる。

　しかし，パキスタンとインドの間には独立以来の対立（国境紛争）があり，インドからの部品輸入は簡単には進まないだろう。このため，スズキの低価格車戦略は，パキスタンでは今しばらくの間，引き続き現行メヘランが担うとみられる。

他車を圧倒する低価格の秘密 ②正攻法の製造

　スズキのパキスタン事業は現地法人Pak Suzukiの設立前，1978年の国営Awami AutosでのキャリーのCKD組立以来，30年以上にわたって政府の国産化規制に対応してきた歴史があり，市場規模の小ささにもかかわらず，現地生産6車種の製造に必要な設備投資は進んでおり，2005年，2006年，2007年に生

産能力を8万台，12万台，15万台へ拡張している。フル稼働すれば量産効果も期待できるレベルと言えよう。

とはいえ，パックスズキのラインは6車種混流でフル稼働しているわけでもないため，メヘランのスケールは3万台程度で推移しており，スケールが製造面での安さの秘密ではない。

製造面での安さの秘密は，オーソドックスで正攻法の製造の工夫にある。詳細は次節に譲るが，概要は以下のとおりである。

現地生産している6車種を6本の専用ラインで生産するのでなく，商用2車種を商用ラインで，乗用4車種は乗用ラインで，それぞれ混ぜて流す混流生産を行うことで，設備投資コストを削減している。

乗用，商用ともに溶接はほとんどが手打ち，塗装もスプレーによる手吹きで，ロボットを導入せず安い人件費を活用して設備投資コストを削減している。

他車を圧倒する低価格の秘密 ③純ローカルからの調達

先に述べたとおり，パキスタンは市場規模が全体で20万台を切る小ささで，乗用車市場にはスズキ，トヨタ，ホンダの3社しか進出していない。このため，他のアジア諸国ではカーメーカーと同伴進出するケースが多い日系部品メーカーもほとんど進出していない。合弁で進出しているのは，サンデン（エアコン），トヨタ紡織（シート）だけであり，世界各国に進出しているデンソー，アイシンなども進出していない。

パックスズキと取引のあるサプライヤー112社のうち日系はサンデンのみで，その他はすべて外資の入っていない現地純ローカル資本である。

それらのかなりの割合が外資からの技術協力も受けていないが，特に設計の古いメヘラン，ラビ，ボランのサプライヤーは，部品の現物を見て図面を作成するリバースエンジニアリングから出発して今日に至っている。

このように，合弁していなければライセンス料も発生しないし，技術協力を受けていなければロイヤリティも発生しない。その分のコストが削減されているのである。

1-2 スズキと比べて15年の参入の遅れを取り戻したトヨタ
～カローラで乗用車市場トップ，IMVでセグメントトップに立つ～

　次に，トヨタのパキスタン市場戦略を見ていこう。スズキが1975年に現地生産をスタートさせてパキスタン市場に参入したのに対して，トヨタは，スズキに遅れること15年，1989年に合弁会社インダスモーターを設立し，1993年からカローラの量産を開始してパキスタン市場に参入した。

　同時期にホンダも乗用車市場に参入し，パキスタンの乗用車市場は3社の競争市場となり，ブルーオーシャンではなくなる。とはいえ，他の日系メーカーはもちろん欧米メーカーも参入していないので他国に比べて競争は激しくなく，そのような意味では引き続きブルーオーシャンのままであった。トヨタはこうした環境の中で，カローラで乗用車市場トップ，IMVで1トンピックアップのセグメントを創出するところまで需要創造に成功する。以下，カローラから順にトヨタのパキスタン市場戦略をみていこう。

カローラ成功の鍵：持続的イノベーションによる
ブランド価値創造＋原価低減による利益確保

　トヨタのパキスタン市場戦略は，投入モデルのラインナップが絞り込まれていることに特徴がある。現地生産モデルに限定すると，2015年12月時点でラインナップされているのは乗用車ではカローラのみ，商用車でもIMV（ハイラックスとフォーチュナー）のみである[9]。パキスタンのように市場規模の小さな国では，コストをかけて多様なラインナップを構築するより，グローバルに通用することが試され済みのカローラとIMVに絞った方が効率的との判断と推測される。

　また，スズキの市場戦略と対照的に，カローラ，IMVのいずれもグローバルに投入される最新モデルをラインナップしている[10]。スズキがエントリーユーザーを対象としているのに対して，トヨタは値段が多少高くても最新の付加価値（仕様，性能）を求めるユーザー，所得水準の低いパキスタンでは限られた富裕層をターゲットにしていると考えられる。

2015年12月現在のカローラの価格は売れ筋の1.3ℓモデル（1.3GLI）が176万ルピー（約200万円），1.6ℓモデル（Altis 1.6）で197万ルピー（約225万円），1.8ℓモデル（1.8 L Altis 6-MT）で204万ルピー（約235万円），IMVの価格はさらに高くIMV1（ハイラックス・シングルキャブ）で190万ルピー（約220万円），IMV3（ハイラックス・ダブルキャブ）で350万ルピー（約400万円），IMV4（フォーチュナー）は500万ルピー（約575万円）にもなる。一人当たり所得が千数百ドル（十数万円）/年のパキスタンの庶民には全く手の届かない価格であろう。

カローラが200万円台，IMVは200〜400万円を前提にしたイノベーションで顧客創造

　このようにカローラは200万円台でメヘランの3倍，IMVは200〜400万円台で日本ならクラウンにも手の届く価格である。トヨタはこの価格に見合う付加価値をどのように提供してきたのだろうか？

　まず，持続的イノベーション（クリステンセン（邦訳2003））で開発されているグローバル最新モデルを投入していく市場戦略である。カローラ，IMVともにグローバルなフルモデルチェンジ，マイナーチェンジのサイクルに合わせてパキスタン市場にも最新型を投入してきた。こうした最新モデルであるという付加価値にグローバルメーカー・トヨタの良好なブランドイメージが加わり，カローラ，IMVともにパキスタンの高所得層の心をつかんでいった。

　IMVの場合は，これらにTOUGHな〜悪路走破性が高く，堅牢で壊れない〜イメージが加わり，軍，警察，鉱山などのフリートユーザー（特定の事業，目的のために車両を保有するユーザー）も獲得していった。実際にパキスタンの街中では，ルーフが架装されたデッキに大型の銃器で武装した警察官を乗せたハイラックスが目立つ。逆に，外見からは軍用車両と分からない最新のIMVを乗り回す軍幹部も少なくない。一般にハイラックス・ダブルキャブが大佐クラス，フォーチュナーが将官クラスに支給されている。また，インダスモーターの出荷ヤードには軍用に塗装されたハイラックスが多数並んでいる。

　次に，製品そのものの付加価値ではないが，スズキと同様にマララさんが銃撃を受けたカイバル・パクトゥンクワ州を含むパキスタン全土に広がるディー

図4-4 警察用架装のIMV1（ハイラックス・シングルキャブ）

（出所）カラチ市内にて2014年12月に筆者撮影。

ラー網もパキスタンでは重要な付加価値である。カラチなどの都市部だけでなく地方，辺境地帯でも買える，メンテナンスもできることがパキスタンでは大きな付加価値となる。

こうしてトヨタは高い付加価値を求める顧客を獲得し，2007年にはカローラがメヘランを追い抜き乗用車市場のトップに立ち，IMVでは高級トラック系乗用車というセグメントを新たに創造した。市場シェアの面では，スズキとは全く異なるやり方で，スズキに対する10年以上の遅れを取り戻したのである。次に利益率の面を見ておこう。

カローラ売れ筋の1.3ℓは1世代前のNZエンジン搭載

パキスタンのカローラは売れ筋の1.3ℓモデル（1.3GLI）で176万ルピー≒200万円で，150万円（1.3X）の日本よりやや高いが，250万円程度のインド，300万円程度のタイより安い。販売台数の少ないパキスタンの現地生産コスト（CIM：Cost Index of Manufacturing）はスケールが小さい分インド，タイより高いと見られるため，パキスタンの利幅はインド，タイより小さいと考えられる。そこで，200万円という価格設定でも利益が出るよう，見えない所で仕様を落としてコストダウンしているようである。

たとえば，パキスタンのカローラの1.3ℓエンジンはNZであるが，このエンジンは，現行のNRより1世代古く，現在では世界でもパキスタンだけで搭載されているエンジンである。

これに対してIMVの価格設定は，既に見たとおり他の新興国と同程度だが，それがそもそも日本ならクラウンにも余裕で手の届く価格であり，パキスタンの生産量（ハイラックス4千数百台，フォーチュナー500台前後，合計で5000台程度，タイの100分の1）でも利益は出ていると見られる。パキスタンに投入されているIMVは，50万台近いスケールのタイと同一の基本設計，仕様のモデルである。

IMVはロット混流ながら3Sドーリーなど独自の効率生産とサプライヤーのリバースエンジニアリングで原価低減

　トヨタは，スズキの現地専用車を低価格で投入する戦略と異なり，グローバルモデルを高価格帯に投入する戦略である。ただし，高価格帯といっても他の投入国と大差ない価格設定であるだけでなく，カローラはタイ，インドのような大規模生産国より安い価格設定となっている。このため，パキスタンのような小規模生産国でも適正な利益を確保するには，小規模生産国にふさわしい原価低減の工夫が求められる。製造面の工夫については第2節で，部品調達面での工夫は第3節で詳しく述べるが，あらかじめそれぞれのキーワード（下記の「　」内）を示しておくと以下のとおりである。
　製造面では，手押し，手打ち，手吹きなど「手動化」を全面的に採用して，自動化に必要な設備投資を節約する。また，複数の車型を一本のラインに流す「混流生産」で，専用ライン生産に比べて設備投資を節約する。工数の違う車型を混流することから生じる手待ちのムダには「プレトリムライン」，「インラインバイパス」で対策する。
　調達面では，外資系の進出がほとんど無い状況を逆手にとって，現地純ローカル資本のサプライヤーに「リバースエンジニアリング」で設計，生産させて，ライセンス料，ロイヤリティを節約する。それでは以下，まず製造面の原価低減の工夫からみていこう。

第2節　製造面の原価低減の工夫

2-1　現地生産を担う現地法人

パックスズキとインダスモーター

　スズキ，トヨタともに，パキスタン市場向けの製品ラインナップの検討・決定，ニューモデルの開発（企画と設計）は日本の開発部門で行われており，生産効率化の構想も本社の生産技術部門で練られている。しかし，開発された車の生産，構想された効率的生産の実行は現地子会社，スズキではパックスズキ，トヨタではインダスモーターが行っている。本章では，現地子会社の工場を見学し，製造担当の駐在員からヒアリングするというアプローチで生産効率化の実態を明らかにしていく。そこでまず，スズキ，トヨタ両社のパキスタン現地法人の概要をみておく。

　パックスズキ（Pak Suzuki Motor Co., Ltd., PSMC）は，1983年に，パキスタン自動車公団（PACO）との合弁で設立された。設立当初のスズキの出資比率は12.5%だったが，1992年に40%に引き上げられた後，1996年7月にPACOが保有していた全株をスズキに売却して合弁契約が終了したため，スズキの出資比率は73%まで増加している。残りの27%はカラチとラホールの証券取引所に上場している。

　インダスモーター（Indus Motor Company Limited, IMC）はハビブ家（The House of Habib）とトヨタ自動車（TMC），トヨタ通商（TTC）の合弁会社として1989年に設立された。出資比率は設立から今日まで日本側マイノリティで，現地側62.5%，日本側37.5%となっている。

　現地側はハビブ家42.5%，上場分（一般株主）20%に対して，日本側は設立から20年にわたってTTC 25%，TMC 12.5%とTMCがマイノリティで出資比率も例外的に低かった。2008年にTMC 25%，TTC 12.5%に変更されTMCがマジョリティとなったが，現地側マジョリティ，日本側マイノリティの構造は変わっていない。現地側に対してトヨタがマイノリティという出資構造はトヨタ

第2節 製造面の原価低減の工夫　109

の海外現地法人では例外的である。

　ただし，現地マジョリティといっても，一般株主の持ち分を除くとハビブ家の持ち分は4割であり，経営権を握られている訳ではなく，トヨタとハビブ家は対等なパートナーとしてIMCを運営している。トヨタ側は製品開発，現地生産，部品調達等の「モノづくり」を分担しコントロールしている。

　以下，両社の現地生産の状況を，パックスズキ，インダスモーターの順に詳しく見ていく。

2-2　設備投資を抑制しつつ生産方式の改良で効率を追求

(1) パックスズキ

年産能力15万台の本格的な現地生産工場だが設備投資は抑制

　パックスズキは自動車生産に必要な工程（プレス，溶接，塗装，組立）が一通り現地化された本格的な現地生産工場である。1992年に年産5万台の能力で量産開始以来，2005年，2006年，2007年にそれぞれ8万台，12万台，15万台へ能力を増強しており，能力的にも本格的な現地生産工場となっている。

　しかし，混流生産と自動化抑制という正攻法で設備投資コストは押さえられている。

乗用と商用に分けて混流生産，労働力活用・自動化投資抑制

　パックスズキの組立ラインは乗用と商用の2本に分かれており，乗用ラインではメヘラン，ワゴンR，カルタス，スイフトの4車種が，商用ラインではラビ（軽トラ），ボラン（軽バン）の2車種が，それぞれ1本のラインで混流生産されている。

表4-1　パックスズキの商用車ラインと乗用車ラインの概要

	タクト			1ピッチ	ラインバッファ
	タクトタイム	工程数	ワーカー	長さ	
商用車	4.5分	22	81人	5m	少しバッファがあるが，どこか止まると全部止まる
乗用車	2.25分 (2分15秒)	51	158人 （組立課のみ）	5m	なし

（出所）2014年12月のパックスズキでの取材に基づき筆者作成。

これにより6車種をそれぞれ専用ラインで生産する場合に比べて生産ラインへの投資は単純計算では3分の1に減らすことができる。混流させるためのコストがかかるため，単純に3分の1にはならないが，大きく減らせることは間違いない。

また，溶接，塗装は現地組立している6車種とも現地化されている。プレスが現地化されていないスイフト，ワゴンRはプレス済みの板を輸入して溶接，塗装を行っている。溶接工程は手打ち，塗装工程もスプレーによる手吹きであり，安い人件費の労働力を活用することで，ロボット導入などの自動化投資を抑制している。

プレスでは大物も現地化

国産化の進んでいるメヘラン，カルタス，ラビ，ボランではプレスも現地化されている。

プレス工程では日本製の大型プレスマシン（フクイ製1200t＋500t×4，コマツ製1000t＋600t×4）を導入して，メヘランのルーフ，ラビのキャビンバック，フロア，ボランのルーフ（現地プレス品で最大）などの大物も現地化している。段取替時間はフクイ製で15分，コマツ製で12分ほどである。

ただし，プレスを国産化している4車種でも，すべてを現地プレスしているわけではなく，日本，タイから輸入しているものも少なくない。

プレスの効率化はプレスマシンの性能（設備に体化された技術）に依存するため，設備投資コストがかかる。現状は能力とコストのバランスがとれたレベルと言えよう。

（2）インダスモーター

タイの100分の1の生産規模でも利益が出せる効率化の工夫

インダスモーターの生産規模は，乗用車市場トップのカローラでも数万台，過去最高の2014年度でも5万台であり，またIMVもハイラックスとフォーチュナーの合計で5000台程度である。IMVの5000台という規模は，IMVだけで50万台規模に達するタイの100分の1である。トータルの生産規模5万5000台（2014年度）は，トヨタの海外拠点ではケニア（1000台），ポルトガル（2000

台），ベネズエラ（3000台），ベトナム（3万5000台），フィリピン（4万台）に次いで規模が小さい。これだけ規模が小さい一方で，カローラの価格はタイより安く，IMVもタイと同程度である。それでも適正な利益を出せるよう，小規模生産工場にふさわしい生産，調達両面での効率化の工夫が行われている。

　インダスモーターの日当たりの生産規模は2013年でカローラ200台，IMV20台，2014年でカローラ180台，IMV30台であった。相対的に規模の大きいカローラ用にはプレスラインも設置されており，溶接，塗装，組立はカローラ，IMVともに設置されている。カローラの生産規模は，操業開始当時（1993年）の日当たり20台に始まり近年の日当たり180～200台へ10倍近く増加しており，生産量の増大に対応するため2008年に大型プレスマシン（1600～2000t）4基が導入されている。設備投資を節約するため新品ではなく，2基は米国のNUMMI（New United Motor Manufacturing Inc.，ヌーミ，トヨタとGMの合弁会社），2基は高岡工場で使われていた中古設備である。生産量が日当たり20台と少ないIMV用のプレス部品はタイ（TMT, Toyota Motor Thailand）から輸入されており現地化されていない。

　溶接工程はカローラ，IMVともに現地化されている。ロボットは導入されておらず，すべて手打ちである。溶接用の冶具はカローラ用をすべて内製，IMV用もメインボデーのセット冶具以外はすべて内製である。つづく塗装工程は台車を手押し，ハンドスプレーによる手吹きで，完全な手動作業となっている。

　最後の組立工程に入ると，カローラとIMVは専用ラインに分かれるが，いずれも，ベルト式コンベヤ，ハンガー式（吊り下げフック式）コンベヤのような本格的な投資が必要となる自動化設備は導入されていない。台数が相対的に多いカローラでもチェーン式コンベヤ（台車をチェーンで引くための動力に投資が必要だが，ベルト，ハンガーのようなコンベアに対する投資は不要）が使われており，台数の少ないIMVでは台車を手押しで動かす完全な手動式である。IMVのように完全に手動だと，自動化されたコンベヤの速度でタクトを管理できなくなるため，時計を用いてタクトが管理されている。

　また，カローラ，IMVは別々の専用ラインで組み立てられており，両車の混流生産は行われていない。そうするとラインが2本となり，ラインへの投資が2倍になってムダに思えるが，上記のとおり，チェーン式コンベアにして投資

を抑えたり，手動にして投資を不要にしているためムダな投資コストはかかっていない。さらに，IMV1（ハイラックス・シングルキャブ），IMV3（同ダブルキャブ），IMV4（フォーチュナー）は一本のラインで混流生産されており，混流による設備投資コスト抑制も行われている。ただし，他のIMV生産拠点のほとんどが次々に異なる車を流す1個流し式の混流であるのに対して，インダスモーターでは10台ずつ同じ車を流すロット式の混流になっている[11]。IMV1と4が1回に1ロット（10台），売れ行き好調で生産量の多いIMV3が2ロット（20台）をまとめて流している。タクトタイムはカローラが約4分，IMVが30分である。以下，工数差の大きなIMV1, 3, 4を混流しているIMVラインについて，どのような効率化の工夫が行われているか詳しく見てみよう。

混流に伴う工数差の吸収～プレトリムラインとインラインバイパス～

　IMVの組立ライン（①内装部品を取り付けるトリムラインと，②エンジン，ミッション，サスペンション，タイヤなどを取り付けるシャシライン，③その他の組み付けを行うファイナルラインから成る）は，ピッチ（一まとまりの作業をする区画＝タクトタイム分の作業をする区画）の合計が10ピッチ，したがって，ラインの有効台数（ラインの中に入れられる台数）は10台，1ピッチの長さ5メートル×10ピッチでラインの全長50メートルとなっている。各ピッチは左右に各1～2工程あり10ピッチの工程総数（50メートルの工程総数）はIMV1と3が28工程，4のみ29工程ある。IMV1, 3, 4の総作業時間，工数差，必要工程数，実工程数をまとめると以下のとおりである。

　このように，IMV3を標準として工程数を28にしているため，工数の少ないIMV1では130分もの手待ちのムダが発生する一方で，工数の多いIMV4では

表4-2　IMV1, 3, 4の工数差, 必要工程数, 実工程数

	IMV1	IMV3	IMV4
総作業時間（分）	698	828	934
工数差（分）	−130.6	標準	+106.1
必要工程数	23.2	27.6	31.1
実工程数	28	28	29

（注1）必要工程数＝総作業時間（分）÷タクトタイム30分
（注2）IMV4はトリムラインの先頭より前に1工程分増やしている。
（出所）2014年12月にインダスモーターより提供された資料より筆者作成。

作業時間が106分も不足する。IMV4がラインに入ってもラインストップしないように、トリムラインの先頭よりさらに前に作業スペース（プレトリムライン）を設けて1工程分の作業（バックドアとリアクーラーの取り付け）を行っている。このためIMV4のみ工程数が一つ多い29になっている。それでもIMV4の必要工程数31.1に足りないため、一部の工程に追加人員を投入するインラインバイパスも行っている。こうした工夫によりラインストップの無い混流を実現し、設備投資のムダを省いている。

なお、IMV1がラインに入った場合に発生する手待ちのムダも解決すべき課題だが、それを根本的に解決するにはIMV1を標準として実工程数を23にする他なく、IMV4だけでなくIMV3でも作業時間が不足するようになり、より大がかりな対策が必要になる。プレトリムラインをIMV4の工程数に合わせて延長するとそれより工程数の少ない車（IMV1と3）が来た時に使わないムダなピッチが増える。インラインバイパスで対策すると、追加された作業者がIMV4の作業に加えてIMV3の作業にも習熟しなければならず、取り付け間違い、取り付け漏れのリスクが高まる。こうしたピッチのムダ、間違いのリスクを考慮して、IMV1で発生する手待ちのムダは許容して、IMV3を標準とする工程数28（IMV4のみ29）で混流を行っている。次に、ライン側に発生する部品の山とその対策について見ていこう。

混流に伴う「部品の山」と「作業間違いのリスク」に対する対策
～ SPSの導入 ～

IMVの組立ラインは10ピッチ50メートルしかないため、1ピッチで取り付ける部品の種類、個数ともに多くなる。タクトタイム（1ピッチでの作業時間）はIMV製造拠点で最も長い30分に設定されているため、30分の作業に必要な部品を各ピッチ横の部品棚に置く必要がある。そのうえ、一本のラインで3車種の混流を行っているため、共通部品の他に車種ごとに異なる部品も置かなければならない。その結果、どのピッチの部品棚も部品の山で埋まることになる。そもそも、それだけの部品が置けるかどうかも問題である。

さらに、これだけ多種多様な部品を棚から取って組み付けていくとなると、取り忘れ、取り間違い、組み付け漏れ、組み付け間違いのリスクも高まる。こ

れらの問題を根本的に解決するため，パキスタン工場でも他のIMV製造拠点と同様にSPSが導入されている[12]。

SPS (Set Parts Supply) は組立に必要な部品をピッチごとに車1台分まとめて（セットして）台車に載せてライン側に供給する方式である。各ピッチで組み付ける車1台分の部品を「選ぶ」作業はセットパーツ場の作業者が行うため，ラインの作業者は台車で運ばれて来た部品を「選ぶ」必要はなく，ただ「取り付ける」だけで良くなる。これにより，「取り忘れ」，「取り間違い」をなくす効果を狙った方式である。また，各ピッチの横にはこれから組み付ける車の部品だけが置かれるようになるため，ライン横の部品棚が不要になる。今使うわけでもない部品で部品棚，さらには工場の敷地が占領されるというスペースのムダが大きく減る。

インダスモーターに導入されているSPSの仕組みはこれとまったく同じものだが，インダスモーターでは3S Dolly（サンエスドーリー，スリーエスドーリー）方式と呼ばれている。3SはSingle Set Supplyの略でドーリーは台車という意味である。SPSと3S Dollyは呼称の違いだけと思われるが，インダスモーターの混流は1ロット10台を連続して流す（IMV3は2ロット20台を連続して流す）方式のため，10台分，ないし20台分同じ部品がセットされた部品が運ばれることになる。しかし，考え方としては1台分ずつセットするという考え方のため，その趣旨を明確にするため，あえてSPS (Set Parts Supply) ではなく3S (Single Set Supply) という呼称を使っているようである[13]。

第3節　部品調達面での原価低減の工夫

自動車メーカーに現地生産，現地調達を強制する国産化規制

パキスタン政府は完成車に高率の輸入関税（50〜150％）をかけることで，自動車メーカーに現地生産を実質的に強制している。カローラの場合，完成車輸入関税が90％，部品輸入関税が32.5％のため，90−32.5＝57.5％が現地生産で節減できる関税（関税メリット）となる。現地生産するかどうかの判断は自動車メーカーに委ねられているが，関税メリットが大きいためパキスタン市場に

第3節　部品調達面での原価低減の工夫　115

表4-3　パキスタンの完成車・部品国産化規制

完成車	—	乗用車は50～150%, 商用車は10%～60%
部品輸入	—	乗用車は32.5%, 商用車は20%
懲罰関税 (A-MAX)	50%	他社が現地化している部品を輸入する場合
優遇関税 (IOR)	0～20%	現地化促進のための優遇税制 雇用・投資・将来の現調化計画等政府の査察により認定される ・材料：0% ・単純部品：10% ・S/A (Sub Assy, 組立済み) 部品：20%

（出所）2013年3月にインダスモーターより提供された資料より筆者作成。

参入するメーカーは現地生産を選択せざるをえない。

また，他社が現地化している部品を輸入する場合の部品輸入関税（懲罰関税）も50%と，完成車の関税メリットの大半を吹き飛ばすほど高率であり，完成車を現地生産するメーカーは部品の現地調達も進めざるをえない。

その結果，各メーカーの主力モデル（スズキのメヘラン，ラビ，ボラン，トヨタのカローラとIMV，ホンダのシビックとシティなど）はすべて現地生産されており，部品の現地調達率もメヘランで7割，カローラで6割，シビックで6割に達している。

こうした規制に対応するため，スズキは輸入部品のFOB価格を基準に，国産品がFOBの90%を下回ると現地化している[14]。

外資系サプライヤーがほとんど進出せず～純ローカルが大半を占める部品産業～

パキスタン自動車部品工業会PAAPAMの加盟企業は253社でスズキの取引先が112社，トヨタのそれが42社，ホンダのそれが44社となっている。その大半が外資の入っていない（合弁でない）現地純ローカル資本で，外資と技術提携していない所も多い。日系合弁はエアコンのサンデンとシートのトヨタ紡織の現地法人のみとみられる。

合弁でなく技術提携もないサプライヤーは，部品の現物を見て図面を書くリバースエンジニアリングで設計する他ない。このため，パキスタンで現地生産される外注部品は，スズキ向け，トヨタ向けを問わずリバースエンジニアリングで作成されたコピー図面が使われている[15]。

国産化率はメヘランで73%, カローラで60%,
純ローカルが技術支援を受けないまま供給

　前項でみた国産化規制があるものの, 市場規模が小さく外資系部品メーカーの進出もほとんど進んでいないため, 現地調達率はそれほど高くない。

　現地生産開始後の歴史が長いメヘランでも現地調達率は73%に過ぎず, 基本設計がメヘランと同じインドのマルチ800が99%に達していたのと比べて低い。歴史が浅いスイフトだと35%にとどまる。とはいえ, メヘランでは73%の部品が現地調達されており, そのサプライヤーの大半が純ローカル資本で技術提携もしていない。このため, それらの部品のほとんどがリバースエンジニアリングで設計されていると推測される。

　トヨタの場合もカローラで現地調達率は60%ほど, IMVだと25%しかない。現地調達部品を技術提携の有るものと無いものに分けてみると, 図4-5のとおり, カローラの現地調達部品619品番のうち日本メーカーの技術支援があるのは43品番, 7%に過ぎない。残りのプレス＆成形品495品番（80%）, 機能部品81品番（13%）, 合計9割以上（93%）を, 純ローカル資本が技術支援も受けないまま供給している。カローラの機能部品でさえ81品番, 13%もが技術支援がないまま, おそらくリバースエンジニアリングで作成された図面をもとに生産され, 供給されているのである。

図4-5　技術支援の有無で分類したカローラの現地調達部品（数値の単位は品番）

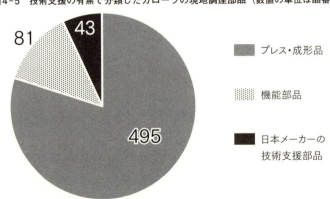

（出所）2013年3月にインダスモーターより提供された資料より筆者作成。

IMVの場合は現地調達率が25％と低くタイ，日本等からの輸入が75％に達するため，リバースエンジニアリング部品の比率は相対的に低いと見られる。とはいえ，25％を占める現地調達部品の少なくない割合がリバースエンジニアリングで作成された図面をもとに生産された部品と推測される。

　いずれにせよ，パキスタンの自動車部品は国産化規制により現地生産率が高く，その現地生産を行うサプライヤーの大半が純ローカル資本で技術支援も受けていないため，現地生産される車両に使われるリバースエンジニアリング部品の比率が高い。こうしたリバースエンジニアリング部品は，ライセンス料，ロイヤリティがコストに含まれないため価格が安く，パキスタンにおける原価低減の大きな要因とみられる。

おわりに

　以上，ブルーオーシャンで成功した二つの戦略，すなわち，戒厳令下の操業開始から始まるスズキの文字通りのブルーオーシャン戦略と，スズキに対する十数年の遅れを克服して乗用車市場トップに立ったトヨタの戦略，および，小規模生産を前提にそのそれぞれを支える製造，部品調達両面での工夫について見てきた。

　ブルーオーシャンという言葉の快適なイメージとは裏腹に，市場規模が小さく，厳しい国産化規制があるのに外資系サプライヤーがほとんど進出しておらず，治安情勢も悪いなど，競争相手がいないのも当然な状況で，スズキとトヨタが適応して生き残ってきた姿は，生物の見事な進化と適応を見るようである。逆に言えば，スズキ，トヨタのように進化・適応できなければ生き残れない，それがブルーオーシャン，パキスタンの実態であろう。パキスタン市場はたしかに競争相手の少ないブルーオーシャンだが，自らを進化させることが生き残りの条件という，血みどろの戦いが繰り広げられるレッドオーシャン以上に成功のハードルが高い市場と言えよう。

［注］
1）本章は2014年に実施したPak Suzuki（12月22日）とIndus Motor（12月24日）工場訪問の際に収

集した事実に基づいている。このうち，Pak Suzuki の取材は塩地洋氏（京都大学）と共同で，Indus Motor の取材は私が単独で実施した。御多忙中にもかかわらず取材に協力して下さった Pak Suzuki の永尾博文社長，篤田英明氏，Indus Motor の村上敬一副社長，青井正明氏，松雄義之氏，岩本和昭氏，濱田実氏，水上真行氏，井口時彦氏，三浦靖彦氏，鈴木康行氏に深く御礼申し上げる。なお，Indus Motor に関しては 2006 年 8 月 26 日と 2013 年 3 月 20 日の訪問で入手した事実も参照した。

2) 本章におけるパキスタンでの乗用車と商用車の分類は，PAMA（Pakistan Automotive Manufacturers Association パキスタン自動車工業会）の統計で CAR に分類されているものを乗用車，LCV, TRUCK, BUS に分類されているものを商用車としている。

3) 車両価格は 2015 年 12 月時点の各車ウェブサイト掲載価格，円換算は 2015 年 12 月時点の為替レート 1 パキスタンルピー = 1.15 円，1 インドルピー = 1.8 円で行っている。なお，文脈からパキスタンルピー，インドルピーのいずれが明らかである場合は，それぞれをたんにルピーと表記することがある。

4) IMV：Innovative International Multipurpose Vehicle トヨタの新興国戦略車。カローラと並ぶ最量販車で年間販売台数は 100 万台を超える。詳しくは野村俊郎（2015）を参照されたい。

5) ただし，この統計には含まれない中古車も流通している。パキスタンでは法律上，中古車の商業輸入は禁止されているのだが，在外パキスタン人の帰国時の持ち帰り，在外パキスタン人のパキスタン人への贈与などに限り，中古車の輸入が認められており，これが実質的に商業輸入に使われている。ただし，この「輸入」も無制限に認められているわけではなく，2012 年 12 月 12 日の政令により，新規登録後 3 年（車齢 3 年）までの中古車に規制されている。この政令は，それまで車齢 5 年まで認めていた規制を強化したものであり，実際に中古車輸入は減少傾向にある。

6) 乗用車市場の過去最高は 2006 年度の 18 万台，商用車市場は 2015 年度の 3 万台，乗用と商用の合計が 20 万台を超えたのは，過去最高を記録した 2006 年度のみで 209,483 台であった。なお，パキスタンの会計年度は 7 月 1 日～翌年 6 月 30 日であり，本章の年度区分もそれにしたがっている。

7) アフガニスタンのタリバンとは別にパキスタン側で活動しているタリバン，組織名はパキスタン・タリバン運動 Tehrik-i-Taliban Pakistan, TTP。

8) 地理的に北西部のアフガニスタン国境地帯に位置する辺境地域は，行政上は連邦直轄部族地域（英語：Federally Administered Tribal Areas, FATA）と呼ばれ，パキスタンのどの州にも属さず，憲法でパキスタン連邦議会および州議会の立法権限が及ばない地域であると明記されている。タリバン（TPP）はこの地域を中心に活動しており，パキスタン政府軍およびアメリカ軍と断続的に交戦している。ノーベル平和賞を受賞したマララ・ユスフザイさんがタリバン（TTP）に襲撃されたスワート地区は FATA に隣接するカイバル・パクトゥンクワ州の州直轄部族地域（Provincially Administered Tribal Areas, PATA）にある。パックスズキのディーラー網は，このカイバル・パクトゥンクワ州の 5 つの都市（ペシャワル等）にまで広がっている。

9) この他に現地生産されていない輸入モデルもあるが，乗用車ではカムリとプリウスのみ，商用車でもアバンザ（インドネシアでトップシェアの 7 人乗りミニバン）とランドクルーザーのみである。

10) IMV は 2015 年に第 2 世代モデルにフルモデルチェンジされたため，パキスタンに投入されている第 1 世代モデルは最新ではないが，遠からずパキスタンでも第 2 世代にモデルチェンジされる見込みである。カローラの方は 2013 年に発表された最新モデル（11 代目カローラ北米／豪州／欧州／東南アジア仕様 E17# 型）がパキスタンにも投入されている。

11) パキスタン工場の他にベネズエラ工場も同じ車型の車を 10 台ずつ流すロット式混流を行っている。

12) カローラはエンジン排気量以外の違いは少ないため，部品の山，作業漏れ，作業間違いのリスクともに少ないため，SPS は導入されていない。

13) この点は 2013 年と 2014 年のインダスモーター訪問の際に質問したが，明瞭な回答は得られなかった。

14) FOB (Free On Board, 本船渡し) 価格とは輸出港での積込時の価格, すなわち, 船賃, 保険料, 輸入関税等が含まれない輸出価格のことである。パックスズキでは, 現地生産品価格がその90%を下回るかどうか, すなわち, 現地生産品が輸入品に対して10%のコスト優位をもつかどうかで現地調達の可否を決めている。関税を回避するための現地調達化と言っても, 製造コストが輸入品より1割低いかどうかが決め手なのである。
15) このことは, パックスズキ, インダスモーターでの取材でも確認した。

第5章

南米市場の急成長とトヨタの部品調達の進化[1]
～日系Tier1[2]の少ない南米でも日系並みを実現～

はじめに

　21世紀に入ってブラジル，アルゼンチンを中心とする南米自動車市場は急速な成長を遂げた。ブラジルは2012年に過去最高の380万台，世界第4位に躍進し，同年第6位のドイツ（308万台，近年のピークは2009年の380万台）を追い抜き，第3位日本（近年のピークは2014年の556万台）に迫った。アルゼンチンも2013年には100万台に迫る台数となり，東南アジア最大のインドネシア市場と並ぶ規模となった。21世紀に入り，ブラジル自動車市場は先進国と並び追い越していく急成長の時代に入り，アルゼンチンも世界有数の規模に達したと言えよう。

　また，ブラジルとアルゼンチンの自動車市場はFTA協定（ALADIのACE協定）により一体化しており，両国を併せると南米自動車市場の8割以上を占めている[3]。また，ALADIのACE協定は，ブラジル，アルゼンチン両国に相互補完的な生産拠点を構築するよう促す「均衡係数」を定めており，それがブラジル，アルゼンチン両市場の相互補完的な成長を促進している。こうした市場の急成長と協定上の必要から，世界の主な自動車メーカーは，ブラジル，アルゼンチンを拠点に南米市場の攻略を本格的に進めており，両国ともに市場が急成長する中でメーカー間の競争が激化している。

　そうした競争の中で，世界全体ではトップを走るトヨタの動向に注目すると，ブラジルでのシェアは5％前後と低く，対抗勢力の一角を占め，その拡大に向けた挑戦を続けている。他方で，アルゼンチンでのシェアは1割程度とブラジルよりやや高く，生産シェアは15％でFiat，VW，GM，Fordと並ぶレベルに

達している。アルゼンチンのトヨタはブラジルでは生産されていないIMV[4]のみを生産し、その生産の半分程度をブラジルに輸出しており、ブラジルでのIMVの販売を支えている。

しかし、アルゼンチンには日系サプライヤーがほとんど進出しておらず、現地生産には現地系、欧米系のサプライヤーからの調達が不可欠である。アルゼンチンのトヨタでは、こうした非日系サプライヤーからの調達が8割に達しており、それを品質、価格、納期に問題なく実行するために、新たな調達ルーチン[5]が導入されている。それを具体的に示すことで、表面的なシェア競争の背後で進んでいる能力構築競争の実態を調達面で示したい。

ところで、ブラジルとアルゼンチンの市場には、いずれも歴史的経緯から市場を支配してきたメーカー（現地ではBig4と呼ばれるFiat, VW, GM, Ford）が存在する。しかし、市場の急拡大の中で対抗メーカーも成長しており、寡占的支配から群雄割拠の競争への転換が進んでいる。そこで本章ではまず、市場

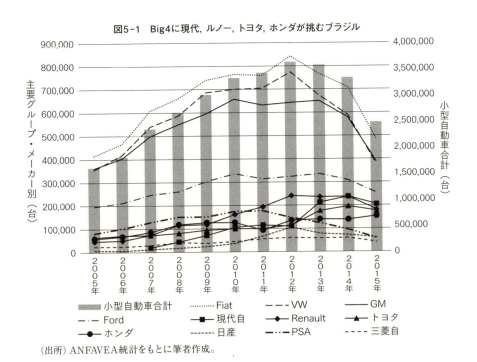

図5-1 Big4に現代、ルノー、トヨタ、ホンダが挑むブラジル

（出所）ANFAVEA統計をもとに筆者作成。

の急成長の中で崩れゆくBig4の支配と群雄割拠の様相を呈する競争の動向を分析する[6]。

第1節　ブラジル，アルゼンチンが主導する南米自動車市場の成長

　南米では，ブラジル市場の規模が圧倒的に大きい。ブラジル市場は，過去最高の2012年に国産車だけで300万台，輸入車を含めると380万台を超える規模に達し，中国（過去最高は2017年の2888万台），米国（同じく2016年の1755万台），日本に次いで世界第4位の市場規模となった。市場規模が300万台を超えたのは，この他にインド（過去最高は2017年の401万台，ブラジルが過去最高だった2012年は360万台）とドイツだけである。

　2003年から2013年までの自動車市場の年平均成長率も11.49％と，ブラジルの高いGDP成長率（年率17.91％）を反映して好調であった。同時期のブラジルの自動車輸入も7万台から約80万台まで10倍以上に伸びており，輸入相手の約半分がアルゼンチンを中心とする南米諸国で，ブラジルが南米市場の成長を主導していると言えよう。

　次いで規模が大きいのはアルゼンチンで，過去最高の2013年で，国産車36万台，輸入車60万台，合計100万台弱となっており，その市場規模は東南アジア最大のインドネシア並みである。輸入車の比率が高く，その8割がブラジルから輸入されており，ブラジルに立地するメーカーの販路となっている。輸入車を除く国産車の市場規模は，過去最高の2013年でも36万台で，中南米ではコロンビア，チリと同程度，ブラジルの10分の1程度と小さい。とはいえ，アルゼンチンは国内生産の半分以上（過去最高の2011年で生産80万台中50万台）を輸出しており，生産規模もブラジルに次いで大きい。

　南米自動車市場は，この2カ国で全体の8割を超えており，この2カ国がその成長を主導してきた。ただ，ブラジル，アルゼンチンともに過去最高を記録した後，大きな落ち込みが続いており，2016年に至るも回復に転じていない。

124　第5章　南米市場の急成長とトヨタの部品調達の進化

図5-2　2015年に380万台から250万台まで急落したブラジル

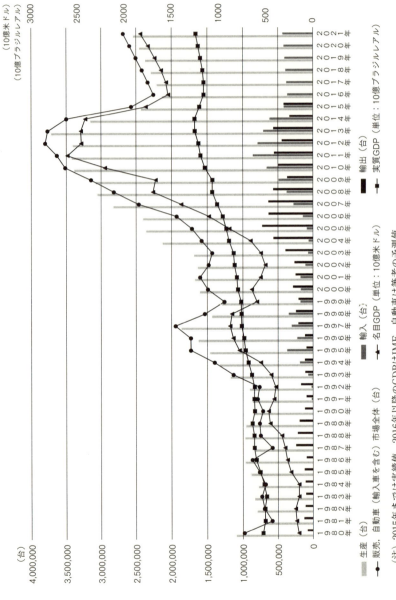

(注) 2015年までは実績値。2016年以降のGDPはIMF, 自動車は筆者の予測値。
(出所) GDPはIMF WEO, 自動車はANFAVEA統計をもとに筆者作成。

みかけの数値以上に大きなブラジル経済の減速
〜自動車市場の規模も4位から7位に後退〜

　ドル換算したブラジルの名目GDP成長率は，2012年から15年にかけてマイナスに転じ大きく落ち込んでいる（図5-2参照）。中国経済の減速，資源価格の下落が背景にあるとみられるが，それに伴うブラジルの現地通貨レアルの対ドルレートの大幅な下落の影響も大きい。レアルは2012年頃の1米ドル=2レアルの水準から，2015年には4レアルと半分近くまで下落した。2016年夏には1米ドル=3レアル程度まで戻しているがそれでも50％程度の下落である。このレアル安が，ドル換算したブラジルのGDPを押し下げている。

　ただ，インフレ率が10％近いこともあり，レアル建ての名目GDP成長率を計算すると2012〜16年で7.2％となり，ドル換算した場合と異なり成長を維持しているように思われる。そこで，インフレ分を差し引いたレアル建ての実質GDP成長率を図5-2で見てみると，2012〜16年にかけてブラジル経済がマイナス成長に転じていることが分かるが，その程度を計算するとマイナス1.17％にとどまるため，それほど大きなマイナスには思われない。

　しかし，自動車の販売台数のような実物の数値でみると，国内販売は380万台から250万台まで100万台以上減少しており，経済の減速は深刻である。市場規模の順位も2012年の世界第4位から，2015年にはドイツ，インド，イギリスに抜かれ，第7位となっている。

ドル換算名目GDPと国内自動車販売の回復がパラレルに進めば
2021年には280万台に回復

　次に，図5-2でブラジルの過去35年間の「ドル換算した名目GDP」と「輸入車を含む国内自動車販売」の推移を見てみると，インフレ率が4桁を超えることが珍しくなかった90年代前半頃から現在に至るまで，両者はパラレルに変動するように（両者の相関が強く）なっている。他方で，レアル建ての名目GDPや実質GDPと自動車販売との相関は弱い。そこで，IMFの「ドル換算した名目GDP成長率予測」（年率3.57％）で2021年の「輸入車を含む国内自動車市場」を予測すると280万台となる見込みである。過去最高の2012年が約380万台だったので100万台減となる。それほどまでに，2012〜15年の落ち込みが深刻なの

126 第5章　南米市場の急成長とトヨタの部品調達の進化

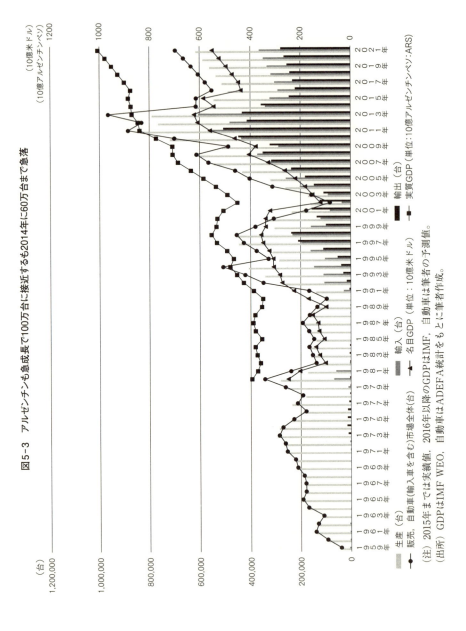

図5-3　アルゼンチンも急成長で100万台に接近するも2014年に60万台まで急落

(注) 2015年までは実績値。2016年以降のGDPはIMF、自動車は筆者の予測値。
(出所) GDPはIMF WEO、自動車はADEFA統計をもとに筆者作成。

第1節　ブラジル，アルゼンチンが主導する南米自動車市場の成長　127

であり，未曾有の落ち込みと言えよう。図5-3のとおりアルゼンチンも同様の急成長と急落を経験している。

ALADI均衡係数の範囲内でFTA化された
ブラジル，アルゼンチン市場の相互補完的成長

　ブラジルとアルゼンチンは南米最大のFTAメルコスールの中核国であり，両国は「均衡係数」に基づき相互に補完しながら南米市場の成長を主導している。

　メルコスールは1995年1月1日の発足時点から，一部の例外品目を除いて域内加盟国間貿易の関税率をゼロとしている。現在でも例外品目として残っているのは，自動車，自動車部品および砂糖だけである。ただし，自動車に関しては，ALADI（Asociación Latinoamericana de Integración ラテンアメリカ統合連合）加盟国間で経済補完協定（ACE：el Acuerdo de Complementación Económica）が締結されれば二国間で関税ゼロが実現する。

　ブラジル・アルゼンチン間にはACE14号が1990年に締結され，追加議定書で定められた均衡係数（倍率）の範囲内で自動車＆部品の輸入関税も免除（ゼロ）になっている。表5-1はブラジル・アルゼンチン間の自動車＆部品貿易において，アルゼンチン側が赤字の場合のブラジルからの輸入倍率を示している。アルゼンチンからの自動車＆部品輸出額に対してブラジルからの自動車＆部品輸入額がその倍率を超えない範囲で関税が100％免除される。

　追加議定書は数年ごとに改定されるため，均衡係数も数年ごとに変わっている。この均衡係数はメーカーごとに守る必要があるため，両国に生産拠点を持

表5-1　ブラジル・アルゼンチン間の均衡係数（ALADI・ACE14号追加議定書による）

年	2001	2002	2003	2004	2005	2006～2013.6月	2013.7月～2014.6月	2014.7月～
均衡係数	1.16	2	2.2	2.4	2.6	1.95	完全自由化	1.5

（注1）ブラジル・アルゼンチン間の自動車＆部品貿易では，一貫してアルゼンチン側が赤字のため，自動車メーカーが意識する均衡係数もブラジルからの輸入の上限を定めた均衡係数（上記の輸入倍率）のみである。
（注2）追加議定書では，ブラジル側が赤字の場合のアルゼンチンからの均衡係数（アルゼンチンからの輸入の上限を定めた輸入倍率）も定めているが，一貫してブラジル側が黒字のため，自動車メーカーがその均衡係数を意識することはない。
（出所）TASA資料（2006年8月11日のTASA訪問の際に入手），JETRO通商弘報より作成。

つメーカーは、ブラジル・アルゼンチン間で相互補完を行っている。たとえば、トヨタはアルゼンチンで生産したトラック系乗用車（ピックアップのハイラックスとSUVのSW4）をブラジルに輸出し、その1.5倍の範囲で、ブラジルで生産した乗用車（カローラとエティオス）をアルゼンチンに輸入している。

いずれにせよ、両国がお互いに市場を開放することで、各メーカーが相互補完を行うようになり、両国の自動車市場と自動車産業の発展を促進しているのである。以下、この2カ国（ブラジルとアルゼンチン）に焦点を当てて、市場動向とメーカーの活動について分析していく。

第2節　メーカー別の動向

以上のとおり南米市場はブラジルの規模が圧倒的に大きいが、アルゼンチンも規模が大きく、かつ両国はALADIのACE協定でFTA化しているため、世界の主要メーカーは、現代自動車を除いて両国に拠点を置いて活動している。以下、ブラジルとアルゼンチンについて、①欧米Big4の支配から群雄割拠に向かうブラジル、②インドと比較したブラジルの市場構成の特長、③欧米Big4にPSA、ルノー、トヨタが対抗するアルゼンチン、の三つを念頭に置いて詳しく見ていく。

急成長前は欧米Big4がブラジル市場を支配

南米最大の市場ブラジルでは、現地でBig4と呼ばれる欧米4社、FCA、GM、VW、Fordが市場をリードしてきた。このうち、フォードは1912年、GMは1925年に現地法人を設立し、第2次大戦前からの長い歴史を持つ。VWは1953年、FCAは前身のFiatが1973年に、それぞれ進出している。この4社でブラジル乗用車（乗用車＋トラック系乗用車[7]）市場のシェアは8割（2005年）を超えていた。他方で、日系はトヨタ、ホンダ、三菱、日産の4社が進出しているが、4社合計してもシェア9.4％（2005年）とプレゼンスは低かった。日系で唯一、1950年代から南米に進出しているトヨタでさえ、図5-4のとおりブラジル乗用車市場でのシェアは3.9％（2005年）に過ぎなかった。日系メーカーが現地市

第2節　メーカー別の動向　129

図5-4　欧米Big4が支配していた2005年

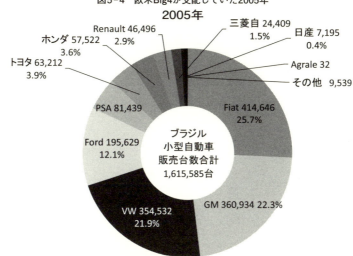

（出所）ANFAVEA統計をもとに筆者作成。

図5-5　群雄割拠の様相を呈する2015年

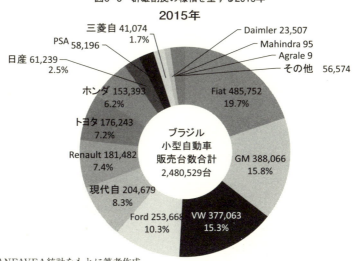

（出所）ANFAVEA統計をもとに筆者作成。

場の成長を主導している東南アジア，インドとは対照的である。歴史の長いトヨタといえども欧米系Big4の支配的地位を掘り崩せていなかった。

急成長の過程で欧米Big4に現代，ルノー，トヨタ，ホンダが挑む新たな競争が始まる

　とはいえ，2005年と2015年のメーカー別市場シェアを比べてみると，図5-5のとおり2015年には，現代が20万台を超えて8%のシェアを，ルノー，トヨタ，ホンダも15万台を超えて，それぞれ7.4%，7.2%，6.2%のシェアを獲得するところまで成長している。他方で，Big4のシェアは8割から6割に低下しており，この4社がBig4の支配的地位を脅かす所まで成長している。世界第4位の規模に向かって成長していた時期にブラジル市場を巡る新たな競争がスタートしたと言えよう。

コンパクトカーが6割を占めるブラジル市場

　ブラジルはアマゾンのジャングルのイメージがあるため，悪路走破性の高いトラック系乗用車（トヨタハイラックス，VWアマロック，フォードレンジャーなど）の需要が大きいように思われるが，実際は各モデルとも数万台で，図5-6のようにSUVと小型ピックアップの合計で乗用車市場の2割ほどである。また，北米で需要の大きいフルサイズピックアップ（フォードF250など）も，

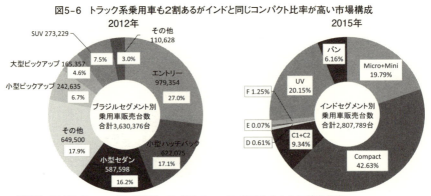

図5-6　トラック系乗用車も2割あるがインドと同じコンパクト比率が高い市場構成

（出所）ブラジルはフォーイン（2013），インドはフォーイン（2016）をもとに筆者作成。

第2節 メーカー別の動向

図5-7 10万台を超える上位8モデルはすべてコンパクト，VWゴルがトップ
2012年

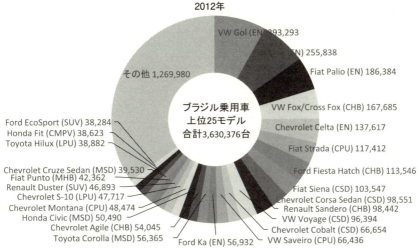

(注) セグメントの略号は次のとおり。EN：エントリーカー，CHB：小型ハッチバック，CSD：小型セダン，MHB：中型ハッチバック，MSD：中型セダン，LSD：大型セダン，MSW：中型ステーションワゴン，LSW：大型ステーションワゴン，CMPV：小型MPV，LMPV：大型MPV，CPU：小型ピックアップ，LPU：大型ピックアップ，CVAN：小型バン，LVAN：大型バン。なお，セグメント分類はFENABRAVEによる分類を採用。車種別販売台数とは別のデータソースを使用しているため合計値が異なる。
(出所) フォーイン(2013)をもとに筆者作成。

ブラジルでは各モデル数千台，合計でも乗用車市場の5％弱である。ブラジル市場でシェアが高いのはANFAVEAの基準でエントリー，小型ハッチバック，小型セダンに分類されるコンパクトカーで市場全体の6割を占めている。

アルゼンチンでは欧米Big4にトヨタ，ルノー，プジョー・シトロエンが並ぶ

国内生産の6割をブラジルに輸出するアルゼンチンでも，ブラジルと同じくBig4の生産規模が大きいが，トヨタ，ルノーもBig4と並ぶレベルまで成長している。現代はアルゼンチンに生産拠点を置いておらず，代わりにプジョー・シトロエンがBig4と並んでいる。ホンダは参入が2011年と遅く，まだ規模が小さいが徐々に生産を拡大している。アルゼンチンでもブラジル市場を巡る新たな競争が始まっている。

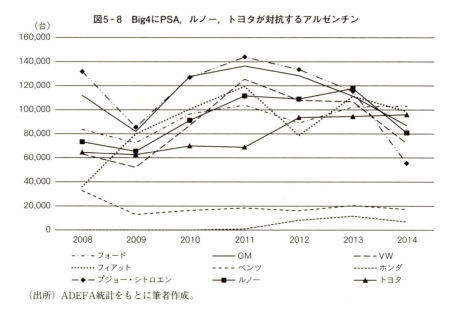

図5-8 Big4にPSA, ルノー, トヨタが対抗するアルゼンチン

（出所）ADEFA統計をもとに筆者作成。

　なお，ブラジル，アルゼンチンともに，自動車産業で活動しているのは，欧米，日本，韓国の外資系ばかりで，インドのヒンドスタン，マヒンドラ，タタ，マレーシアのプロトンのようなローカル資本の現地メーカーは存在しない。ブラジル，アルゼンチンを走る車は自国の国産車か輸入車だが，いずれも欧米，日本，韓国のブランドであり，民族ブランドは存在しない。ブラジル，アルゼンチンだけでなく南米諸国はいずれも，輸入代替期に「国産化」だけを追求し「国民化」を追求しなかった結果であろう。南米自動車市場を巡る競争は，欧米，日本，韓国のグローバルメーカー間の競争であり，生産は南米現地で行われているが，商品企画，開発，商品ラインアップの決定は先進国の本社で行われている。

第3節　シェア競争では苦戦する南米でも進むトヨタの能力構築

　次に，ブラジルにおけるトヨタの動向について，市場構成が類似するインド

と比較しながら見ていこう。ブラジルでは，トヨタも2012年に至る急成長の過程でシェアを伸ばしていた。2005年と2015年を比較すると，6万3000台，3.9%から17万6000台，7.2%まで台数もシェアも倍ほどに増えており，Big4の対抗勢力の一角を占めるまで成長したと言えよう。

しかし，5%を超えたとはいえ，今なお数パーセントであることに変わりなく，シェア拡大に向けて更なる挑戦が必要な状況である。これまでも，2011年に自社工場を建設して本格参入した現代が20万5000台，8.3%のシェアを取っており，市場にフィットしたモデルを投入すれば，トヨタもシェアを充分に拡大できる。2012年にエティオスをブラジルに投入してしばらくの間は，トヨタ自身もそう考えていたと思われる。

21世紀に入ってブラジルと並んで急成長を遂げたインドでも，トヨタのシェアが数パーセントにとどまっており，本格的な対策が求められていた。小型コンパクト・セグメントが市場の6割占めることも共通であった[8]。ブラジル，インドにこうした共通性があったため，両国を念頭に新興国専用小型コンパクト車・エティオスが開発され投入（インドは2010年，ブラジルは2012年）されたが，大方の予想に反してエティオスの販売は両国ともに300万台規模の市場で6万台程度，市場シェア2%程度で苦戦することになった。

他方で，ブラジル，インドともに，急成長以前から投入されているカローラは，売れ筋のコンパクトより一回り大きく，東南アジアでは好調なトラック系乗用車IMV（ブラジルではハイラックス，SW4，インドではイノーバ）もセグ

表5-2 エティオスの国別販売台数推移（2011〜2015年）

国名	セグメント	2011	2012	2013	2014	2015
ブラジル	S/D（セダン）	—	3,080	28,180	27,120	27,260
	H/B（ハッチバック）	—	5,510	34,710	33,900	32,970
	CROSSH/B（SUV）	—	—	610	4,600	3,240
アルゼンチン	S/D（セダン）	—	—	1,950	8,200	9,230
	H/B（ハッチバック）	—	—	3,520	10,560	11,110
	CROSSH/B（SUV）	—	—	100	1,360	1,210
インド	S/D（セダン）	41,080	43,800	34,410	27,190	32,150
	H/B（ハッチバック）	18,380	32,140	26,500	14,450	15,790
	CROSSH/B（SUV）	—	—	—	7,520	6,450

（注）CROSSH/B，クロスハッチバック，SUVテイストのハッチバック
（出所）トヨタ自動車広報部資料をもとに筆者作成。なお，データは随時更新されるため，一桁の台数には変動がある。そのことを考慮して一桁の台数は四捨五入した。

メントの規模がコンパクトに比べると小さい。このため、それぞれ一定のシェアを確保しているものの、ブラジル、インドともに市場全体で一桁のシェアを打開できていない。トヨタにとって、好調な東南アジアが「得意地域」なら、ブラジルはインドと並ぶ「苦手地域」と言えよう。

しかし、シェア拡大という面で成果が出ない状況が続いているとはいえ、今後のシェア拡大に向けた地道な能力構築は続いている。その一つが欧米系、現地系の非系列サプライヤーの全面的な活用である。これまで、日本メーカーの強さの秘密は、長期継続的取引のあるサプライヤー[9]との阿吽の呼吸で実現される高い品質、確実な納期、安い価格にあると言われてきた。しかし、アルゼンチンのトヨタの場合、それが長期継続的取引の無かった欧米系、現地系サプライヤーとの間でも実現している。目に見える（表の）シェア競争で成果がでていなくとも、見えない（裏の）ところでは能力構築が進んでいるのである。

以下、①トヨタのアルゼンチンにおける欧米系、現地系中心の部品調達の実態、②長期継続的取引関係のある日系からの調達が中心のインドネシアとの比較、③長期継続的取引関係のなかった欧米系、現地系からの調達でも、日系並みの品質、価格、納期を実現する「設計チェックシート」を組み込んだ図面承認手順、「SPTT活動」を組み込んだサプライヤー支援手順の順に、トヨタのアルゼンチンでの部品調達活動について見ていこう。

3-1 南米での非系列部品調達

アジアと異なり南米では、関係特殊的技能、投資を蓄積していない欧米の非系列一次サプライヤー（以下、一次サプライヤーをTier1[10]と略記する）からの調達が中心となった。

表5-3～5-5に示されているとおり、アルゼンチンのIMVでは日系サプライヤーの比率は2割しかなく、現地グローバルが45％、アルゼンチン、ブラジルのローカルが35％と、日系以外が8割を占めている。日系以外の8割はすべて系列ではなく、関係特殊的でないサプライヤー中心の部品供給態勢への転換である。トヨタにとっては、グローバル化に対応した新たな調達方式であり、調達方式の進化である。

第3節　シェア競争では苦戦する南米でも進むトヨタの能力構築　135

表5-3　TASA(TOYOTA ARGENTINA S. A.)のIMV用部品サプライヤー数

立地国	
アルゼンチンの自動車部品サプライヤー	46
ブラジルの自動車部品サプライヤー	34
ウルグアイの自動車部品サプライヤー	1
評価中のアルゼンチンの部品サプライヤー	2
原材料サプライヤー	18
合計	101

(出所)TASA資料(2013)をもとに筆者作成。

表5-4　TASAのIMV用部品サプライヤーの日系比率は2割

	原材料サプライヤーを除く	原材料サプライヤーを含む
TASAのIMV用部品サプライヤー全体に占める日系比率	20.5%	16.8%
アルゼンチン側サプライヤーの日系比率	13.0%	9.5%
ブラジル側サプライヤーの日系比率	32.4%	31.4%

(出所)TASA資料(2013)をもとに筆者作成。

表5-5　同じくグローバルは45%、ローカルは約35%で、日系以外が合計で8割

	原材料サプライヤーを除く	原材料サプライヤーを含む
TASAのIMV用部品サプライヤー全体に占めるGL比率	44.6%	43.4%
アルゼンチン側サプライヤーのGL比率	40.0%	35.5%
ブラジル側サプライヤーのGL比率	54.3%	55.9%

	原材料サプライヤーを除く	原材料サプライヤーを含む
TASAのIMV用部品サプライヤー全体に占めるLOC比率	36.6%	31.3%
アルゼンチン側サプライヤーのLOC比率	46.1%	47.9%
ブラジル側サプライヤーのLOC比率	20.0%	17.6%

(注)GL(Global)欧米資本のサプライヤー、LOC(Local)現地資本のサプライヤー。
(出所)TASA資料(2013)をもとに筆者作成。

　以下、系列サプライヤーからの調達が中心のインドネシアと比較しながらアルゼンチンでの部品調達の特徴をみていこう[11]。

3-2　系列調達のインドネシア、非系列調達のアルゼンチン
　　　〜現地調達環境への適応〜

日系が9割、系列が8割のインドネシアと対照的

　インドネシアのIMVの現地調達では日系が9割を占め、日系中心の供給態勢が構築されている。また、全体の8割が系列であり、同伴進出の比率も高い。

このため，長期継続的取引で部品メーカーを育成しながら，あいまい発注・無限の要求（清晌一郎（1990））で品質向上と同時に原価低減も進めるという系列取引の特徴がインドネシアにも移転されている。

現地の調達環境に適応するための変化

　他方で，南米は日系自動車メーカーが少ない。アルゼンチンはトヨタのみ，ブラジルでもトヨタ，ホンダの2社，ベネズエラにトヨタ，コロンビアにマツダがあるのみである。日系のシェアも小さい。米系メーカー中心の市場であり，部品メーカーも欧米系が中心となっている。このため，日系部品メーカーは同伴進出しても販路が狭く，スケールが期待できない。しかし，メルコスール域内では，域内調達しないと関税が高い。

　その結果，インドネシアの事例とは対照的に，アルゼンチンでのIMV生産では日系サプライヤーの比率は2割しかなく，日系以外が8割を占めることになっている。日系以外の8割はすべて系列ではなく，調達方式が非系列取引に変化したことを意味する。この「変化」では，系列の強み〜長期継続的取引によるサプライヤーの積極的な投資，自主的なカイゼン，自動車メーカーからの無限の要求への対応など〜は発揮されない。

　しかし，日系系列サプライヤーが2割しか確保できない地域でも，確保できる地域と同様にトヨタ・スタンダードを維持してIMVを生産できる。非系列調達の実現は，以上の二面性を持った調達方式の変化である。とはいえ，アフリカ，南米を除く地域では，同伴進出・系列調達に変わりなく，この地域でも，条件があれば系列調達を選択したと思われる。したがって，この変化は，日系サプライヤーが確保できないという条件で生じた，環境適応のための変化といえよう。

3-3 「設計チェックシート」を組み込んだ図面承認手順

調達方式の変化に対応する「設計チェックシート」と「SPTT活動」

　こうした環境適応のための変化があっても，すなわち，長期継続的取引のない欧米系，現地系サプライヤーからの部品調達であっても，アルゼンチンのト

ヨタでは，日系サプライヤーからの調達と同等の品質，価格，納期での調達が実現している。

その秘密は，①部品メーカーの図面を承認するプロセスにおける「設計チェックシート」の役割と，②調達が主導して設計，製造，生産技術がチームで部品メーカーをサポートする「SPTT (Suppliers' Parts Tracking Team) 活動」にある。

ここでは，承認図方式の概要を説明したうえで，前者の「設計チェックシート」を組み込んだ図面承認手順について，次に，3-4では，SPTTを組み込んだサプライヤー支援手順について，それぞれ説明する。まず，承認図方式の概要からみていこう。

海外での承認図方式による外注プロセス

トヨタの海外事業体が現地の部品メーカーに承認図方式で部品を外注する場合，日本のトヨタ本社が部品の仕様書（外注部品設計申入書，外設申）を現地部品メーカー宛てに発行するところから始まる。これは，外注先の現地部品メーカーが日本メーカーの子会社（日系）であるか，欧米メーカーの子会社（欧米系）であるか，現地資本のメーカー（ローカル系）であるかに関わりなく同じである。外設申の発行元は，車種に関わりなくトヨタの設計部門である。

日系や欧米系の場合，外設申を受け取るのは現地法人であっても，実際に設計するのは部品メーカーの母国の本社である。部品メーカーの本国本社では作成した図面に基づいて試作を行い，トヨタ本社の設計部門がそれを評価して，要求仕様を充足していれば部品メーカーが作成した設計図をZのCE（チーフエンジニア）が承認する。部品メーカーは部品の品質保証責任を負う。これに対してローカル系の場合，現地で設計，試作を行いトヨタ本社の評価を受ける。

これらのうち，日系の場合，トヨタと長期継続的取引があるメーカーが受注することが多く，阿吽の呼吸でトヨタの要求水準（Toyota Standard, TS）を充足できるため，効率的に外注プロセスを進めることができる。しかし，欧米系の場合，長期継続的取引がないことが多く，日系のように阿吽の呼吸で進めることはできない。ただし，技術水準は充分であるため，「設計チェックシート」でのチェックだけで済むことが多い。

これらに対してローカル系では，阿吽の呼吸で進められないだけでなく，設計の技術水準が充分でなく，さらに製造面での技術水準もTSに達していないことが珍しくない。このため，トヨタの設計，製造，生産技術，調達のメンバーがチームで支援するSPTT活動が行われる。まず，長期継続的取引のないメーカーの図面に対して作成される設計チェックシートからみていこう。

環境適応のための変化でも調達のQCDを維持する設計ルーチン

トヨタの場合，部品メーカーの図面も，内製部品の図面と同様に，設計部門を統括しているZのリーダーであるCEが最終的に承認する。

だが，承認図面がZに上がってくる段階では，その部品／システムは開発を完了したことを意味している。Zにとって大事なのは開発のプロセスである。問題が大きい時は，設計からZにもタイムリーに進捗が報告され，必要であればZも設計判断に加わる。そのような議論・検討が尽くされた後のCEのサインである。

さらに，トヨタの設計部門でチェックを受けてZに上がってくる部品メーカーの図面には，開発の経緯をダイジェストしたノート（設計チェックシート）がトップに添付されている。それを読めば，"あの課題の部品がこうなったのか"と大体判る仕組みになっている。また，欧米系の，たとえばBosch製の図面を出図する際には，デンソー製との違いをトヨタの設計部門が簡単にまとめた説明をつけていることもある。

こうした設計チェックシートに集約されていくトヨタと部品メーカーとの擦り合わせにより，デンソー製，Bosch製，とサプライヤーが異なり図面が異なっていても，トヨタの要求水準（TS）が充足されるのである。

以上のように，欧米系，現地系の非系列サプライヤーからの部品調達，すなわち，関係特殊的技能の蓄積が日系サプライヤーに比べて少ないサプライヤーからの調達が中心になっても，その関係特殊的技能の違いは，設計チェックシートに集約されていく「トヨタと部品メーカーとの擦り合わせ」により，技術水準の高い欧米系ではほとんど吸収される。

しかし，調達先がローカル系の場合，こうした設計部門との擦り合わせだけでは，TSを充足できない場合もある。そのような場合に実施されているのが，

設計以外の部門も参加した現地メーカーとの擦り合わせ，SPTT活動である。次項では，このSPTT活動について見ていこう。

3-4　欧米系，現地系でもTSを実現するSPTT
　　　～部品調達でも進むトヨタの能力構築～

SPTTのルーチンとは

　SPTT (Suppliers' Parts Tracking Team) 活動はサプライヤー候補，および取引中のサプライヤーの製品（部品）の性能・品質・原価・生産量がトヨタの基準 (Toyota Standard, TS) をクリアしているかどうかをトヨタ側のチームで点検する活動のことである。SPTTチームのメンバーは，サプライヤーの決定権を持つ「調達」のメンバーだけでなく「設計」「生技」「品質」からもメンバーが出て，名前のとおりチームで活動を行うところに特徴がある。

　SPTT活動は，「調達」がサプライヤーを決定する前の事前調査活動から始まる。サプライヤー決定権は「調達」にあり，「調達」には万全を期す責任がある。万全を期すには，品質はもとより，荷姿，運搬，納期管理，リスク対応などまで検討する必要があり，その会社の"実力"をつぶさに見て最終判断しなければならない。その為に「調達」メンバーもその道のプロではあるが，「設計」「生技」「工場の品質管理」といった専門家も一緒になって，目利きする所がミソである。

「チームですりあわせる」SPTT

　発注先が決まるとトヨタの部品図面が貸与されてサプライヤーの量産が始まる（貸与図方式）。サプライヤーが自ら部品図面を書く場合は，トヨタのCEが図面にサインをして最終承認するとサプライヤーの量産が始まる（承認図方式）。そのいずれの場合もSPTT活動は量産開始後6カ月間程度続けられる。

　SPTTでは，まず，「品質」のメンバーが製品の「ばらつき」を点検する。製品の「ばらつき」とは，公差[12]の範囲内の基準値からのズレのことであり，公差の範囲内のズレは不良ではなく，「ばらつき」として許容される。しかし，自動車部品は互いに相手の在る部品のことが多く，単独では公差内（検査合格品）

であっても，大きさが公差内最大の部品と，大きさが公差内最小の部品（太めの部品と細めの部品）を組み合わせると組付け性が悪くなる。また，大きさが公差内最小の部品同士を組み合わせると隙間が広くなり見栄えが悪化する。

とはいえ，このようなケースではサプライヤーは"不良品"を出したという意識は持てない。そこで，「ばらつき」の傾向に異常値が認められると，「生技」のメンバーがサプライヤーの現場に入って，どこに問題があるか調査しカイゼンを行う。コストが想定内におさまらない場合は，「調達」のメンバーが入ってカイゼンを行う。これらの問題の原因がサプライヤーが作成した部品図面にある場合は，「設計」のメンバーがカイゼンに取り組む。

このようにして，サプライヤーが現地ローカルや欧米系などの長期継続的取引の無い部品メーカー（非系列）であっても，トヨタから見て品質面でもコスト面でも問題が無い部品が出来上がる。

欧米系，純ローカル系サプライヤーがトヨタと新規に取引する際のハードル

自動車メーカーの開発プロセスには，自動車メーカーごとの特色がある。部品メーカーに対する性能・品質の要求レベルの違いは，具体的には，開発の中の節目管理，納期管理，量産前の品質確認，量産開始後の品質保証の考え方，責任分担の割合，などの厳しさの違いとして現れてくる。トヨタは，それらが相対的に緻密で厳格と言われている。

サプライヤー側にすれば調達先と決まったらすべてに関して自動車メーカーと合意して進めなければならない。トヨタと長期継続的取引関係の無い欧米系や純ローカルのサプライヤーがトヨタと新規に取引を開始する場合，これらをゼロからスタートする事になる。これが，トヨタと長期継続的取引関係が「有る」サプライヤー（系列サプライヤー）と異なり，それの「無い」サプライヤー（非系列サプライヤー）が直面するハードルである。

系列も「まとめて任せる」からSPTTが組み込まれた「まとめて任せる」へ

そのような意味で，系列サプライヤーに比べて超えるべきハードルが多く高い非系列のサプライヤーでも，系列と変わりない部品が作れるのは，このSPTT活動によるとみられる。

SPTT活動は初めて発注するサプライヤー（欧米系や純ローカルに多い）では必ず行われるが，系列サプライヤー，たとえばデンソーでも変化点では必ず行われている。デンソーのような系列サプライヤーには「まとめて任せる」と言われているが，実際にはこうした点検活動が行われており，長期継続的取引のある「まとめて任せるサプライヤー」といえどもSPTTのルーチンが組み込まれている。欧米系，純ローカル系などの「パーツサプライヤー」と同様に，トヨタの調達ルーチン全般に「SPTTのルーチン」が組み込まれているのである。

このようなSPTTを前提にした調達ルーチンの一般化は，系列サプライヤーが少ない南米，アフリカも含めた地域での製造の本格化，製造のグローバル化をきっかけとするトヨタの調達ルーチンの進化と言えよう。

おわりに

本章は，藤本隆宏（2003）で示された能力構築競争という考え方を念頭に置いて，ブラジル，アルゼンチン市場を巡るシェア競争の背後で進むトヨタの能力構築の実態を調達面で示そうとした。具体的には，南米における「日系中心の系列調達」から「欧米系現地系中心の非系列調達」への転換の実態，欧米系現地系でも日系並みの品質，価格，納期を実現する設計チェックシートを組み込んだ設計ルーチン，欧米系現地系の底上げをトヨタがチームを作って全方位から支援するSPTT活動について詳しく述べた。

南米はブラジルの市場規模が世界第4位，アルゼンチンが東南アジア最大のインドネシアと並ぶなど，世界市場の大きな部分を占めるまでに成長を遂げた。こうした市場の変化に見事に適応するトヨタの進化能力は生物進化と同様に驚くべきものである。さらに，2017年1月にはトヨタの社内に5番目のカンパニーとして「新興国小型車カンパニー」が設立され，ブラジル，インドをはじめとする小型車の割合の多い新興国に適応する組織の進化も見られる。ブラジル，インドともに市場シェアでは5％程度と低迷が続いているが，現状打開に向けた能力構築は着々と進んでいる。

142　第5章　南米市場の急成長とトヨタの部品調達の進化

[注]
1) 本章は，現地調査（ブラジルは2013年3月，アルゼンチンは2006年8月と2013年3月に実施）で入手した資料とヒアリング結果，ANFAVEA（Associação Nacional dos Fabricantes de Veículos Automotores ブラジル自動車工業会）統計，ADEFA（Asociación de Fabricantes de Automotores アルゼンチン自動車工業会）統計，フォーイン『ブラジル メキシコ自動車・部品産業2014』をもとに作成した．
2) 日系Tier1は，日本の部品メーカーの海外現地法人で，カーメーカーの現地法人と直接取引のある部品メーカーのことである．Tierは部品メーカーの階層を示す概念で，Tier1はカーメーカーに部品，素材を供給するメーカー，Tier1に供給するのがTier2，Tier2に供給するのがTier3という階層を形成している．
3) 南米全体の市場規模（南米で自動車の販売統計が整備されている6ヵ国の合計）は2014年で5,058,405台，その国別内訳はブラジルが3,498,012台，アルゼンチンが683,485台で合計8割超，その他の2割弱はコロンビア，ペルー，チリ，ベネズエラで，合計876,908台であった．
4) IMVについて詳しくは本書「はじめに」を参照されたい．
5) 新しい環境で新しい方式が導入された場合に，その方式がそれまでの方式と変わらず機能するには，現場で日常的に繰り返される活動の中に新たな方式が機能する条件が組み込まれる必要がある．この，「新たな方式が機能する条件が組み込まれた日常的に繰り返される活動」を本章では「新たなルーチン」と呼ぶ．調達分野での新たな方式（ここでは非系列調達）が機能する条件を組み込んだルーチンが「新たな調達ルーチン」（設計チェックシートを組み込んだ図面承認手順，SPTTを組み込んだサプライヤー支援手順等，第3節で詳述）である．「ルーチン」という概念については，藤本隆宏（1997），野村俊郎（2015）を参照されたい．
6) 21世紀以降のブラジル自動車産業をに分析した先行研究として芹田浩司（2014）と塩地洋・富山栄子（2016）がある．本章は，それらの分析を踏まえ，ブラジル自動車市場に参入している主要メーカーの競争に焦点を当てて分析したものである．
7) ブラジル自動車工業会（ANFAVEA）の統計では，SUVやピックアップトラック等のトラック系乗用車を「小型商用車」に分類し，セダン，ハッチバックが分類される「乗用車」と合わせて「小型自動車」としているが，SUVやピックアップトラックは客貨両用で乗用目的に使われる実態を考慮して，ANFAVEA統計の定義する「小型自動車」を，本章では「乗用車」と呼ぶことがある．
8) 比較対象のインド市場の動向の詳細は，野村俊郎（2016）を参照されたい．
9) 本章では，資本関係，役員派遣等の有無に関わらず，「長期継続的取引」の「有る」サプライヤーを，「系列」サプライヤー，「長期継続的取引」の「無い」サプライヤーを「非系列」と呼んでいる．
10) Tierについては注2)を参照されたい．
11) インドネシアとアルゼンチンの調達動向の比較の詳細は，野村俊郎（2017）を参照されたい．
12) 図面の基準値と実際の製品の大きさにはズレがある．このズレのうち許容される範囲内のものを「公差」と呼ぶ．「ズレの最大値と基準値との差」，および「ズレの最小値と基準値との差」が公差であり一定の幅で設定される．

終　章

新興国低価格車ルーチンの分化と目的ブランド
〜トヨタはイノベータのジレンマを超えられるか〜

第1節　新興国小型車カンパニー
　　　　〜そのバーチャルとリアル〜

　序章で見たとおり，トヨタはIMVで大成功した高価格帯に続いて，市場規模の大きなインド，ブラジルで大きな割合を占める低価格帯でもシェアを拡大すべく，新たな組織を設置した。インドネシア向け低価格車の開発で成功を収めているダイハツと新興国小型車カンパニーを設立したのである。新興国小型車カンパニーは，トヨタに五つ設置されている車両カンパニーのうち，新興国向けモデルのみを担当する唯一のカンパニーであり，カンパニーのPresidentには新興国を熟知した前田昌彦氏（IMVの3代目CE），Chairmanには小型車開発を熟知したダイハツ工業会長の三井正則氏が就任している。新興国小型車開発に賭けるトヨタの本気度が読み取れる。

ダイハツが開発した新興国小型車を事業化する
新興国小型車（ECC）カンパニー設立

　新興国小型車カンパニー，通称ECCカンパニー[1)]は，2016年8月にトヨタ自動車株式会社の完全子会社となったダイハツ工業株式会社が開発（企画・設計）する新興国小型車をトヨタが事業化する組織である。2017年1月1日に，トヨタからみれば8番目（車両カンパニーとしては5番目）のカンパニーとして，ダイハツからみれば三つのユニットの一つとして設置された。新興国小型車カンパニーの組織は図序-11のとおりだが，それに筆者の取材内容を反映させたのが図終-1である。

図終-1　新興国小型車カンパニーの組織図（取材反映版）

(注) ■■■「製品企画部」のメンバーと ▓▓▓▓「新興国小型車製品企画部, 新興国小型車品質企画部, 新興国小型車商品・事業企画部」のメンバーは兼任。■■■のメンバーが実働で，▓▓▓▓のメンバーがVirtual。
(出所) 図序-11に筆者の取材内容を反映。

このカンパニーはトヨタ側からPresident，ダイハツ側からChairmanが出て運営される[2]。

初代Presidentは小寺信也氏（トヨタ自動車常務役員・前第2トヨタ担当），第2代Presidentが前田昌彦氏（同前・ZB第3代CE），Chairmanは三井正則氏（設立時はダイハツ工業社長，2017年6月より会長）が設立から現在まで勤めている。

新興国小型車カンパニー内の組織のうち，トヨタ側のTDEMはタイに設立されていたTMAP-EMを改称した組織で，日本の本社の開発機能の一部が移転されており，IMVの特定の部位の開発などで実績がある[3]。新興国小型車開発ではダイハツの新興国小型車担当CEが指示した部位を開発するとみられる。

ダイハツ側の「新興国小型車カンパニー」は，ダイハツ社内を大きく三つに分けた「ユニット」の一つとして他の二つのユニットと並列で設置されている。他の二つのユニットは，DNGAユニットとブランドユニットである[4]。ダイハツ側の新興国小型車カンパニー内には図序-11右側の①「新興国小型車製品企画部」，②「新興国小型車品質企画部」の二つの部門が設置されている。さらに，トヨタ，ダイハツ両社にまたがる部門として③「新興国小型車商品・事業企画部」があり，合計三つの部門が設置されている。各部門は，いずれも，その名称のとおり企画機能を担う部門であり，新興国小型車カンパニーのダイハツ側は企画機能のみを有している。ただ，新興国小型車カンパニー内の三つの企画部門の人員は，ダイハツの車両開発本部内の「製品企画部」の人員が兼務し

ており，実際の企画業務は，ダイハツの「製品企画部」で行われる。その意味で，新興国小型車カンパニーの三つの企画部門は，実体が別の所（ダイハツの製品企画部）にあるVirtualな部門である。

また，新興国小型車の設計部門は，組織図でみても新興国小型車カンパニーの中に置かれておらず，ダイハツのDNGAユニット内の車両開発本部の設計部門が担っている。さらに，ダイハツの「製品企画部」での企画業務，「設計部門」での設計業務ともに，ダイハツの新興国小型車担当のチーフエンジニア（CE）が統括する。新興国小型車カンパニーのPresidentやChairmanは，CEのように新興国小型車の企画と設計の実務を直接統括する訳ではない。

また，新興国小型車カンパニーのトヨタ側に置かれているTDEMも新興国小型車の一部の部位の設計を分担するが，ダイハツのCEの統括の下に設計を進めるとみられ，新興国小型車カンパニーのPresidentやChairmanはTDEMの設計に関しては関与しないだろう。

このように，ダイハツの「製品企画部」と「設計部門」，およびダイハツのチーフエンジニアに統括されたTDEMが新興国小型車開発（企画・設計）の実働部隊であり，企画・設計に関して，は完全にダイハツの新興国基準，ダイハツの新興国向けルーチンで進むとみられる。

同じトヨタの新興国対応でも，トヨタ基準，トヨタルーチンで進むIMVなどの新興国車と，ダイハツの新興国基準，ダイハツの新興国ルーチンで進む新興国小型車とでは，全く異なる開発の進め方になる。トヨタの新興国対応のデュアルルーチン化である。

ダイハツが開発（企画と設計）の実働部隊であるなら，シンプルにダイハツの単独開発とした方が良いようにも思える。実際にインドネシアでは，ダイハツ単独開発の小型車（アイラ，シグラ）をトヨタにOEM供給（アギア，カリヤ）して成功しており，そのことでトヨタはイノベータのジレンマを超えている。にもかかわらず，トヨタの社内カンパニー内で開発する形式が選択された理由として，次の三つが考えられる。①人件費の安いタイにトヨタが設置した開発子会社TDEMに開発の一部を分担させることで，開発コストをダイハツ単独より下げられると見られるが，TDEMの開発リソースはトヨタにしか利用できない，②インドで大きな成功を収めているスズキが2016年にトヨタと業務提携

しているが，その経営資源を活用するには提携相手のトヨタを介する必要がある，③ダイハツの海外製造拠点がインドネシアとマレーシアにしかないため，新興国小型車をグローバルに供給するにはトヨタの製造上のリソースを利用する必要がある。特に③は，新興国小型車をグローバルに供給するうえで不可欠であり，トヨタの社内カンパニーで開発するという形式が選択された決定的な理由だったとみられる。

なお，開発される新興国小型車は，ほぼインドネシア専用だったU-IMV，LCGCとは異なりIMVと同様に全世界の新興国に投入されるとみられる。そのためには，IMVと同様のグローバルな生産・供給態勢が必要になる。しかし，ダイハツの海外生産拠点はインドネシアとマレーシアに限定されているため，グローバルな生産・供給態勢はトヨタが担わざるを得ない。そうした生産・供給態勢の企画は新興国小型車商品・事業企画部の担当であろうが，トヨタ出身のPresident（現在は前田昌彦氏）の主導性が強く発揮されるだろう。前田Presidentの前職は新興13カ国で生産され世界170カ国に供給されているIMVを担当するZBのCEであっただけに，生産・供給面での主導性は充分に期待できる。また，IMVで培った新興国での商品企画に関する知見も新興国小型車商品・事業企画部に対して，同様に発揮されるであろう。

以上が，トヨタの新興国小型車カンパニーの全体像である。開発面ではダイハツルーチンで進むとみられ，トヨタ車の新興国対応がデュアルルーチン化する。また，生産・供給面ではIMVの新興国生産・供給の経験が活用されるとみられ，新興国を中心にグローバルに生産・供給する態勢が構築されるだろう。

以上が新興国小型車カンパニーの組織図から読み取れるトヨタ，ダイハツの役割分担，今後展開されるであろう活動の概要である。次に，これを新興国低価格帯モデルの企画・設計ルーチンの分化（高価格帯と低価格帯のルーチンの分化）という視点から分析していく。

第2節　創発された新興国小型車開発ルーチン

新興国低価格帯のルーチン創発プロセス

　これまでのトヨタの製品開発（企画・設計）は先進国向け，新興国向けを問わず同じ基準（トヨタ基準），同じルーチン（CE-Zのルーチン）で進められてきた。このため，新興国小型車カンパニー以外の4カンパニーが担当するモデルは，インドネシア専用車を除けばすべてがトヨタ基準，CE-Zのルーチンで開発されている[5]。

　これに対して，新興国小型車開発（企画・設計）の実働部隊は，ダイハツの新興国小型車担当CEが統括するダイハツの車両開発本部の組織とメンバーのため，ダイハツ基準，ダイハツCEのルーチンがベースとなる。とはいえ，50万円のインドの低価格車，70万円の中国のそれ，100万円のブラジルのそれも競合車と想定した開発である。ダイハツ基準，ダイハツCEのルーチンそのままでは太刀打ちできず，新興国小型車基準，新興国小型車担当CEのルーチンを創り出す必要があろう。その場合，さしあたりベースになるのは，ダイハツがU-IMVでトヨタと模索したインドネシア基準，ダイハツがLCGCで単独で模索したインドネシア基準，トヨタがEFCで模索した新興国基準と考えられる。以下，新興国小型車の基準につながっていく，この三つの模索を振り返っておこう。

　新興国車をトヨタ，ダイハツが開発する試みは，①両社共同で21世紀初頭に開発されたU-IMV（Under IMV，3列シート7人乗りミニバンのトヨタ・アバンザ，ダイハツ・セニアとして主にインドネシアで発売され，インドネシア市場で4割に達するトップシェアを獲得）があり，U-IMV開発ではトヨタ基準とダイハツ基準の擦り合わせが行われ，そのいずれとも異なるU-IMV基準での開発が行われた。②トヨタ単独開発ではEFC（小型セダン，トヨタエティオスとしてインドで2010年末，ブラジルで2012年に発売，両国とも一桁のシェアで低迷），③ダイハツ単独開発ではインドネシアのLCGC（5人乗り小型ハッチバック，トヨタ・アギア，ダイハツ・アイラとして主にインドネシアで2013年

に発売され，同国のLCGCセグメントでトップシェアを獲得した。2016年には同じプラットフォームで7人乗り小型ミニバン，トヨタ・カリヤ，ダイハツ・シグラも投入されU-IMVを上回る好調を続けている），がある。このうち，②，③は単独開発のためトヨタ基準とダイハツ基準の擦り合わせは行われていない。トヨタ・ダイハツ共同開発の①と，ダイハツ単独開発の③はトップシェアを取る成功，トヨタ単独開発の②は一桁シェアで低迷と，明暗は鮮明であり，新興国小型車開発でのトヨタ基準の限界と，ダイハツ基準の有効性が誰の目にも明らかとなった。新興国小型車開発で，開発実務がダイハツに全面的に委ねられたのは，こうした事情によるものと推測される。

　以上，①，②，③の試みの延長線上に新興国小型車カンパニーがある。もちろん，①はアッパーミドルの需要が本格的に立ち上がる前の試みであり，トヨタもその延長線上に新興国小型車の開発を想定していた訳ではない。③はその需要が起ちあがってくる時期の試みだが，インドネシア限定の試みであり，その延長線上にグローバルに展開される新興国小型車が想定されていた訳でもないだろう。②は新興国小型車カンパニーと同様にインド，ブラジルの低価格セグメントを想定したトヨタ単独の試みだが，トヨタとしては想定外の失敗に終わったため，ダイハツを活用した①，③と同様の新興国小型車カンパニーの方向が出てきた。したがって，新興国小型車カンパニーは，トヨタの事前合理的な活動の結果出てきたというよりも，トヨタの事後的進化能力が発揮されて出てきたとみるべきだろう。そう考えると，①，②，③は新興国小型車カンパニーの設立にとって偶然的であり，そうした偶然の累積，すなわち「創発」をトヨタの事後合理的な活動が利用して，新興国小型車カンパニーは設立された，すなわち，藤本隆宏の言う「瓢箪から駒」「怪我の功名」の結果として設立されたとみるべきであろう。

　いずれにせよ，ダイハツの新興国小型車担当CEは，こうした経緯を踏まえて（ダイハツ，トヨタで模索されてきたルーチンをベースとして）新興国小型車の基準，開発のルーチンを模索していくだろう。新興国小型車カンパニーの組織の構造，役割分担から読み取れる（推定できる）新たなルーチンは以下のとおりである。

新興国小型車開発ルーチン創発によるデュアルルーチンへの進化

①新興国小型車カンパニー内の三つの企画部のメンバーは，ダイハツの車両開発本部内の製品企画部メンバーの兼任であり，新興国小型車企画の実働部隊はダイハツに置かれる。したがって，新興国小型車カンパニー内の三つの企画部はバーチャルな組織であるが，次にみる設計部隊がカンパニーの外に置かれるのと異なり，カンパニー内に置かれている。

そのため，企画段階では，仕様，性能，価格等に関して，トヨタ出身のPresidentの承認が必要になるとみられ，その承認プロセスでダイハツの新興国小型車担当CE，ダイハツ製品企画部メンバーとの擦り合わせが行われる。ダイハツのみが実働部隊となるトヨタの新興国小型車の企画だからこそ必要になる新たなルーチンである。

②ダイハツもトヨタと同様に，チーフエンジニアCEが主導する（最終的な決定権を持つ）企画・設計がルーチンとして行われている[6]。これは新興国小型車の企画・設計でも変わらない。したがって，新興国小型車の企画[7]は，ダイハツの新興国小型車担当CEが立案し，ダイハツ製品企画部（カンパニーの企画部門を兼任）のメンバーがCEの指揮の下，CEの企画実務を補佐する。ダイハツの新興国小型車担当CEの企画案は，トヨタ出身のPresidentとの擦り合わせを経て，新興国小型車の企画として承認されると，設計が始まる。上記①のPresidentの承認が必要だが，CE主導で企画立案されるというルーチンに変わりはない。

③他方で，設計に関してカンパニーに置かれているのは，トヨタがタイに設立していたTMAP-EMを改組したTDEMのみである。TDEMのタイ人エンジニアはボデーの部分的な設計を担えるまでに成長しているが，車両の構造設計など基本的な部分の経験は全くない。新興国小型車の基本設計は，ダイハツの車両開発本部内の車両開発部が実働部隊となる見込みである。ただ，基本設計以外の部分はTDEMも設計を担当するだろう。これは，第1世代IMVでTDEMの前身のTMAP-EMがアクセスドアを開発したのと同様のルーチンであり，新興国小型車が初めてではない。だが，子会社ダイハツのCEが，親会

社トヨタがタイに設立した開発部隊（TDEM）を統括して（最終的な図面承認権をもって）開発するとすれば，全く新しいルーチンである。

とはいえ，このTDEMが開発する部分を除いて，設計に関しては，バーチャルなものも含めて，新興国小型車カンパニー内には組織が設置されていない。トヨタの子会社であるTDEMをダイハツが活用することに関してはトヨタ出身のPresidentが関与するだろうが，それ以外の基本設計に関しては，Presidentの関与は少ないとみられる。設計に関しては，TDEM開発部分を除いて，ダイハツのCEと車両開発部のルーチンで進むだろう。

④設計された図面（試作図面）は，図面とおり生産し問題なく生産できるかどうか，生産の現場で検討される。問題があれば設計変更（設変）が行われ量産図面へと完成していく。新興国小型車は主な新興国で生産される見込みのため，新興国工場での検討が必要である。

しかし，ダイハツはインドネシアとマレーシア以外に海外生産拠点を持っておらず，新興国小型車の主なターゲットとなるであろう中国，インド，ブラジルにも生産拠点がない。他方で，トヨタは中国，インド，ブラジルをはじめ主な新興国に生産拠点がある。

このため，新興国小型車をどこで生産するかは，トヨタ出身のプレジデントと新興国小型車商品・事業企画部で検討されるとみられる。どこで生産するかが決まれば，トヨタの新興国拠点とダイハツの開発部隊との間で設変について検討され，量産図面が完成していく。こうした④のプロセス全体が，これまでにない新しいルーチンである。

以上の新興国小型車のルーチンが加わることで，トヨタの製品開発ルーチンは，これまでどおりのルーチン，すなわち，従来からある四つの車両カンパニー以外で行われるルーチンと，新興国小型車カンパニーで行われるルーチンに分かれる。トヨタの開発ルーチンのデュアルルーチンへの進化である。これは，トヨタの新興国車開発ルーチンが，IMVのような新興国高価格帯モデルのルーチンと新興国低価格帯モデルのルーチンに分かれることでもあり，トヨタの新興国車開発のデュアルルーチンへの進化でもある。

新興国小型車の商品企画の方向性

　ここまで，新興国小型車カンパニーの組織図から読み取れるルーチンについて述べてきた。しかし，こうしたルーチンが有効に作動するには，商品企画の方向性が重要と思われる。新興国小型車の競争相手には，100万円程度のブラジルの低価格車，売れ筋のスイフト（派生モデルも含めた最量販車）が75万円程度から買え，最廉価モデルのアルト800（単独での最量販車）なら50万円でも買えるインドの超低価格車も含まれるだろう。そこで，インド市場を主として念頭に置きながら，商品企画の方向性について考えておきたい。

　新興国の中でも特に低価格志向の強いインドでは，50万円程度のマルチ800が30年以上に渡ってトップシェアを維持してきた。2014年にマルチ800が打ち切られた後も，その2年前に発売されたアルト800が50万円程度の価格を維持してトップシェアとなっている[8]。スズキはその他の低価格車も好調で，乗用車市場全体で45％ものシェアを獲得している。インド市場でトヨタの新興国小型車が成功するには100万円を大きく下回ることが不可欠の条件である。しかし，安さだけを売りにした30万円のタタのナノが失敗に終わったことに象徴されるように「安さ」だけでは市場に受け入れられない。

　スズキの場合，日米欧メーカーの進出が皆無だった1980年代に進出したことで，1980年代に設計された軽自動車フロンテのインド版であるマルチ800が売れ続けるという，多分に経路依存的な成功モデルを築いている。しかし，そのスズキでさえ，マルチ800は打ち切っている。後発メーカーには価格の安さ以外の何かが必要である。

　新興国限定とは言え，インド以外の新興国での成功も求められるトヨタの新興国小型車では，新興国ならどこでも通用するプラスアルファが必要であろう。しかし，そのプラスアルファは，インドも念頭に置くと100万円を大きく下回る価格で実現する必要がある。ここにグローバルモデルや新興国でも高価格帯に投入されるモデルと異なる決定的な難しさがある。

　しかし，インドにはその何かを備えている車がある。スズキのスイフトである。スイフトはハッチバックとセダン[9]を合計するとインド乗用車市場の15％を占め，アルト800を上回るトップシェアを取っている。日本市場でも通用する

「しっかりした乗り心地」、「内外装ともに安物感がない仕様」だが、最も古くから現地生産してきたノウハウを総動員して75〜100万円という低価格を実現している。税率が半分（24→12％）になるコンパクトセグメントに投入されていることもあって、たんに安いだけでなく、お得感も強い。所得水準の上昇で出現した車を買える「新しい中間層」が求めるプラスアルファは、意外にオーソドックスな「車としての出来の良さ」、先進国でも通用する「車としての出来の良さ」だったのである。それは特定の国、地域に固有のニーズに対応したプラスアルファでなく、グローバルなプラスアルファである。そうしたプラスアルファなら、インド以外でも通用するだろう。スイフトの徹底的なベンチマークが不可欠である。

もちろん、新興国小型車を開発するダイハツのCEには、インド、ブラジル等の現地に足を運び、その自然環境や使用習慣から求められる車の仕様の過不足を徹底的に吟味する、その意味での徹底的なマーケットインの手法も求められるだろう。しかし、それだけでなく、「新興国に出現した新しい中間層が求める車の価格と仕様を「愚直に」吟味して、「新興国ベスト」な価格と仕様を提案すること、その意味でのプロダクトアウトの手法こそが求められる。

最後に、新興国小型車カンパニー等の人事から読み取れるトヨタの新興国対応の大転換と、この大転換でトヨタはイノベータのジレンマを超えられるのかどうかについて述べておく。

トヨタの新興国対応の大転換〜イノベータのジレンマを超えられるか〜

2018年1月にはZBの3代目CEである前田昌彦氏が新興国小型車カンパニーに異動し、Presidentに就任した。前田氏は、細川CE時代からZBでIMVの開発を担当しており、中嶋2代目CE時代も引き続きZBでIMVの開発を続けたあと、ZBの3代目CEに就任している。トヨタでは、新興国車開発を最も熟知した人材の一人である。

それに先立つ2016年5月には、ダイハツの開発部門（車両開発本部）のアドバイザーに、初代IMVと初代U-IMVの両方をCEとして開発した細川薫氏が就任している[10]。細川薫氏は、IMVを年間百万台という規模で大成功させ、そ

れと並行して低価格ミニバンU-IMVをダイハツと共同開発し，主な投入先のインドネシア市場では年間30万台規模で大成功させている。トヨタの新興国車開発ではレジェンドとなっているエンジニアである。

前田氏は，日本の軽自動車やインドネシアのLCGCなどで低価格車の開発経験豊富な「ダイハツの開発陣」と，新興国車開発経験が豊富な「TDEM（旧TMAP-EM）の開発陣」とともに新興国小型車の開発を進める。細川氏もサポートするのであろう。新興国市場の中で低価格セグメントの規模が大きく市場規模も世界上位10カ国に入るインド，ブラジルは，トヨタのシェアが一桁と低い。インド，ブラジル両市場で商品力を発揮できる新興国小型車の開発は，トヨタにとって最優先の課題の一つである。そうした最優先課題に取り組むトヨタの布陣として万全の人事であろう。

他方で，IMVを担当するZBの第2代CE中嶋氏，第3代CE前田氏は，2018年からIMVを所管するCVカンパニーを離れた。また，ZB第4代CEの小鑓氏は，グローバルモデルのランドクルーザーを担当するZJ1からの異動となった。これらの人事の結果，CVカンパニーの中枢に新興国市場を熟知した人材がいなくなる。

これらの人事から読み取れることは，トヨタの新興国対応の重点が，IMVやグローバルモデルが投入される高価格帯から，新興国小型車が投入される低価格帯へと大きく舵を切ったということである。そして，トヨタがインド，ブラジルでの低迷から脱出するまで，この針路は維持されるだろう。人事面から見る限り，トヨタの新興国対応は大転換したと言えよう。この大転換は，クリステンセンの「イノベータのジレンマ」，解決策としての「目的ブランド」に即して考えれば，以下の意味を持つだろう。

21世に入り新興国自動車市場が急成長するなかで，トヨタは高価格帯のIMVを100万台規模で大成功させる一方で，低価格帯ではインドネシアを除いて低迷を続けてきた。トヨタは，クリステンセンの言うイノベータのジレンマに陥っていたと言えよう。

イノベータのジレンマに対するクリステンセンの処方箋（対応策）は，マーケティングの観点からのもので，「目的ブランドを構築せよ」というものである。「目的ブランド」とは，消費者が解決したい用事に対応する製品を開発し，

その製品に対応するブランド，すなわち，「目的ブランド」の製品として提案せよ，というものである。自動車では，ルノーが低価格帯の車をダチアというブランドで展開して成功している例がある。

ただ，自動車のように「複雑な構造物」，消費財としては最高レベルに「複雑な構造物」では，ブランド戦略の前に，モノづくりの〜すなわち，企画，設計，生産，部品調達のレベルでの〜対策が不可欠である。トヨタの新興国小型車カンパニーは，モノづくりのレベルで，新興国の低価格帯を攻略しようとする試みである。新興国小型車カンパニーで，モノづくりの領域でのイノベータのジレンマ克服の方向は明確になった。

クリステンセンの考えに従えば，これまでのトヨタのブランド価値を維持しながら，新興国低価格帯を求めるユーザーに訴求するには，その価格帯に対応する「目的ブランド」の構築も必要となる。100万円を大きく下回る価格で実現された，新興国ユーザーに魅力的な価値を体現する新たな目的ブランドの企画を，新興国小型車カンパニーのPresidentと，同カンパニー内の「新興国小型車商品・事業企画部」で吟味することが求められよう。

新興国小型車に求められる目的ブランドの方向性は第3章の「おわりに」で述べたとおりだが，第4章以降の分析も踏まえて，本書の結論としてここでも述べておく。

本書で取り上げた，タイ，インドネシア，インド，パキスタン，ブラジル，アルゼンチンは，パキスタンを除いて国内自動車市場の規模が新興上位10カ国（世界上位20カ国）に入る世界自動車市場の主要国である。パキスタンも人口がインドネシア，ブラジルに次いで世界第6位と多く，自動車市場の発展が期待されている。

そのすべての市場において，トヨタは一握りの富裕層にしか手が届かない高価格帯（200〜400万円）にIMVを投入し，小型トラック系乗用車のセグメントを新たに創出するほどの成功を収めている。IMVが，新興国では一握りの富裕層にしか手が届かない高価格帯に投入され成功したことで，高品質高価格というトヨタのブランドイメージは，先進国以上に明瞭に確立，定着しているとみられる。

しかし，これらの国々では経済成長による所得水準の上昇で中間層が形成さ

れてきたのに伴い，低価格セグメントが拡大を続けている。特に市場規模の大きいインド，ブラジルで100万円以下のセグメントが成長し，市場の過半を占めるに至っている。グローバルに展開する主要メーカーにとって，低価格セグメントの攻略が新興国対応の最重要の課題となっている。

低価格セグメントの攻略（高いシェアの獲得）には，現地の人々にとって魅力ある低価格車の開発が不可欠である。本書の主な分析対象であるトヨタ自動車は，インドネシア市場で子会社のダイハツと連携して，低価格セグメントでも大きな成功を収める一方で，インド，ブラジルの低価格セグメントでは苦戦が続き，その影響で他のセグメントも含めたシェアでも数パーセントと低迷が続いてきた。

この状況を打破するために，トヨタは新興国小型車だけを担当する新興国小型車カンパニーを5番目の社内カンパニーとして，子会社のダイハツと共同で2017年に設立した。魅力ある新興国向け低価格車を企画・開発する組織体制は整えられた。

残る課題は，新興国小型車を新興国でどう売り込んでいくかである。75万円から買える車が売れ筋のインド，100万円程度で買える車が売れ筋のブラジルでの競争である。また，タイ，インドネシア，パキスタンのような高価格帯でトヨタが成功している国でも，中間層の成長に伴い競争の主戦場が低価格帯に移っていくにつれて，低価格帯での競争が加速していくだろう。そうした新興国において，高品質高価格がイメージとして定着しているトヨタブランドで，低価格高品質となるだろう新興国小型車を消費者に浸透させるのは難しいだろう。インドネシアで成功したトヨタ，ダイハツ両ブランドでの併売も，新興国小型車の場合は「安さ」の消費者への訴求と言う点では逆効果であろう。低価格に敏感なインド，ブラジルなどの新興国では，低価格を訴求できる新興国小型車専用の目的ブランドが必要である。目的ブランドを既存の低価格小型車ブランドである「ダイハツ」にするか，新規の「新興国小型車ブランド」にするかは慎重な検討が必要だろうが，競争の主戦場が低価格帯となっているインド，ブラジルをはじめ，いずれ低価格帯に競争の主戦場が移っていくだろう新興国で，低価格志向の中間層に訴求できる低価格車の目的ブランドを確立することが望まれる。

[注]
1) Emerging market Compact Carの略称。
2) Presidentは、商品の企画について承認する権限を有している。商品の企画について承認する立場なのだから、ダイハツの企画に対して注文もするだろう。しかし、CEのように商品を考える役割ではなく、商品の上流にあるトヨタとダイハツのビジネスを決めるのが主な役割とみられる。商品の細かいこと（意匠/仕様/性能）についても承認はするものの、相当部分はダイハツのCEに任せるだろう。すなわち、商品そのものより、トヨタとダイハツ（完全子会社）のビジネススキームを構築しながら、商品投入時期、生産工場等の議論を促進して最終的に決めるのが主な役割だろう。これに対してChairmanはダイハツの社長（設立時）、会長（現在）の兼務であり、ダイハツの新興国小型車担当CEを通じてダイハツの企画、設計部門（実働部隊）を統括するのが主な役割とみられる。
3) もともとツードアとして開発されたIMV2には、後に後席乗り込み用のドア（アクセスドア）が追加されたが、このアクセスドアを設計したのは、TMAP-EMであった。詳しくは本書第1章を参照。
4) ダイハツ工業株式会社プレスリリース2016年12月27日付 https://www.daihatsu.com/jp/news/2016/20161227-1.html
5) Toyota Compact Car Companyが担当するインドネシア専用車U-IMV、LCGCはダイハツが開発しており、ダイハツのインドネシア基準で開発されている。
6) CEの下に少数精鋭のメンバーが付いて、企画・設計を進める点も、トヨタとダイハツで同じである。ただ、トヨタではCEを含む少数精鋭の部隊をZと呼んでいるが、ダイハツに同様の呼称はない。
7) トヨタでは、新車（全くのニューモデルと既存モデルのフルモデルチェンジ）の「企画」は、「商品企画」と「製品企画」の二つのステップに分かれる。「商品企画」ではCEが新車の「構想」を「商品企画会議」に提案する。次に、「商品企画」を肉付けして設計を開始できるところまで煮詰めた「製品企画」をCEが「製品企画会議」に提案する。新興国小型車の企画はダイハツが担当するため、トヨタと同様の「商品企画会議」や「製品企画会議」がダイハツ内で開かれ、それを節目に「企画」が煮詰められていくとみられる。
8) マルチ800はスズキの軽自動車フロンテをベースにしたモデルで、初代は1983〜1986年、2代目が1986〜2014年の間販売された。初代と2代目を合わせて30年以上販売され、2代目は28年間モデルチェンジしていない。アルト800は2012年発売のため交代の時期に2年のずれがあるが、アルト800は日本の旧モデルのインド版ではなく、新たにインド向けに開発されたニューモデルであり、価格が同程度であったため、50万円程度の価格帯の主役となった。
9) インドには日本には投入されていないセダンも投入されている。
10) 細川氏はトヨタの意志でダイハツの開発部門（車両開発本部）のアドバイザーに就任した訳ではない。ダイハツとの共同開発モデルU-IMVのトヨタ側のCEであった縁でダイハツ側から要請された模様である。新興国小型カンパニーの組織には、ダイハツの製品企画機能も含まれており、新興国向け企画で経験が豊富な細川氏がアドバイザーに就任していることは、ダイハツの新興国小型車の開発に大いに貢献するだろう。細川氏のアドバイザー就任は、当初の意図と全く異なる（当初は意図していなかった）が、新たに重要な意味を持つという意味で、典型的な創発である。

インタビュー等について

細川薫（2005）（2011）（2013）（2015），細川薫氏（ダイハツ工業（株）車両開発本部アドバイザー，元トヨタ自動車株式会社・IMV担当ZBの初代CE）に対するインタビュー。1回目（2005年6月13日&14日）初代IMVの量産開始後，2回目（2011年11月21日）CE退任後，3回目（2013年11月26日）住友ゴム工業株式会社出向時。以上3回のインタビューを踏まえ，第1世代IMVの開発を振り返ってもらった4回目（2015年6月27日10時～14時）。

中嶋裕樹（2015），中嶋裕樹氏（トヨタ自動車株式会社・常務役員・Mid-size Vehicle Company エグゼクティブバイスプレジデントEVP，元製品企画本部副部長（インタビュー当時）・元ZB第2代CE（常務役員のためエグゼクティブチーフエンジニアECE, 同前），前CVカンパニー EVP）に対するインタビュー。2015年6月26日14時～21時，トヨタ自動車技術本館等にて実施。インタビューは，筆者が伊原保守氏（トヨタ自動車副社長（当時））を介して申し込み，中嶋氏に受けて頂き実現した。インタビューの参加者は，トヨタ側が中嶋氏，山下和彦氏（ZB主査），浅井崇氏（ZB主幹），岡本健氏（ZB主幹），インタビュー側は筆者，塩地洋氏（京都大学経済学研究科教授），山本肇氏（野村総合研究所タイ）。

前田昌彦（2016）（2017a）（2017b），前田昌彦氏（トヨタ自動車株式会社・常務役員・新興国小型車カンパニー・プレジデント，前ZB第3代CE（インタビュー当時））に対するインタビュー。1回目（2016）は2016年8月31日，2回目（2017a）は2017年8月2日，3回目（2017b）は同年12月4日に，いずれもトヨタ自動車事務本館にて実施した。

参考文献

ADEFA統計　http://www.adefa.org.ar
ANFAVEA統計　http://www.anfavea.com.br
Clark, K. B. and Fujimoto, T. (1991), *Product Development Performance,* Harvard Business School Press. 藤本隆宏，キム・B・クラーク（邦訳 1993），『（実証研究）製品開発力――日米欧自動車メーカー 20 社の詳細調査――』田村明比古訳，ダイヤモンド社
Christensen, Clayton M. (1997), *The Inovator's Dilemma: When New Technologies Cause Great Firms to Fail,* Harvard Business School Press. クリステンセン（邦訳 2001），『イノベーションのジレンマ――技術革新が巨大企業を滅ぼすとき――』翔泳社
Christensen, Clayton M., Raynor, Michael E. (2003), *The Innovator's Solution: Creating and Sustaining Successful Growth,* Harvard Business School Press. クリステンセン・レイナー（邦訳 2003）『イノベーションへの解――利益ある成長に向けて――』翔泳社
Christensen, Clayton M./Hall, Taddy/Dillon, Karen/Duncan, David S. (2016), *Competing Against Luck: The Story of Innovation and Customer Choice,* HarperCollins Publisher. クリステンセン・ホール・ディロン・ダンカン（邦訳 2017）『ジョブ理論　イノベーションを予測可能にする消費のメカニズム』ハーパーコリンズ・ジャパン
TASA 資料（2013），2013 年に実施したアルゼンチンでの現地調査の際に Toyota Argentina Sociedad Anonima で入手した資料。
TMMIN 資料（2006）（2012）（2014），2006 年，2012 年，2014 年に実施したインドネシアでの現地調査の際に P. T. Toyota Motor Manufacturing Indonesia で入手した資料。
チャン・キム，レネ・モボルニュ（邦訳 2013），『ブルー・オーシャン戦略』ダイヤモンド社
フォーインアジア調査部（2013）（2016），『FOURIN インド自動車・部品産業 2013』，『同前 2016』フォーイン
フォーイン（2013），『ブラジル メキシコ自動車・部品産業 2014』
フォーイン（2016），『インド自動車・部品産業 2016』
ヘーゲル論理学研究会編（1991），『ヘーゲル大論理学 概念論の研究』大月書店
ミンツバーグ（邦訳 1993），『マネージャーの仕事』奥村哲史，須貝栄訳，白桃書房

浅沼萬里（菊谷達弥編）（1997），『日本の企業組織・革新的適応のメカニズム――長期取引関係の構造と機能――』東洋経済新報社
小原嘉明（2016），『入門！ 進化生物学――ダーウィンから DNA が拓く新世界へ――』（中公新書）
木村資生（1988），『生物進化を考える』（岩波新書）
塩地洋・富山栄子（2016），「ブラジル自動車産業の概括的検討――市場・生産規模は大きいが，国際競争力が脆弱――」『赤門マネジメント・レビュー』15 巻 8 号
鈴木修（2009），『俺は，中小企業のおやじ』日本経済新聞出版社
鈴木紀之（2017），『すごい進化「一見すると不合理」の謎を解く』（中公新書）
清晌一郎（1990），「曖昧な発注，無限の要求による品質・技術水準の向上――自動車産業における日本的取引関係の構造原理分析序論――」中央大学経済研究所編『自動車産業の国際化と生産システム』中央大学出版部
清晌一郎編（2017），『日本自動車産業グローバル化の新段階と自動車部品・関連中小企業』社会評論社

芹田浩司（2014），「ブラジルにおける自動車産業・市場の発展と多国籍自動車メーカー戦略」上山邦雄編著『グローバル競争下の自動車産業――新興国市場における攻防と日本メーカーの戦略――』日刊自動車新聞社，第7章

中西孝樹（2015），『オサムイズム"小さな巨人"スズキの経営』日本経済新聞出版社

野原光（2006），『現代の分業と標準化』高菅出版

野村俊郎（2014），「低価格環境車は新顧客層を創出するか――インドネシア――」アジア自動車シンポジウム（京都会場2014年11月8日，東京会場11月10日）での発表。

野村俊郎（2015a），『トヨタ新興国車IMV――そのイノベーション戦略と組織――』文眞堂

野村俊郎（2015b），「利益でVWに勝ち続けるトヨタの秘密――開発組織ZのHWPM，組織と労働――」鹿児島県立短期大学『紀要』第66号

野村俊郎（2016a），「スズキ，トヨタのパキスタン市場戦略と生産・調達の工夫――ブルーオーシャンで成功した二つの戦略――」鹿児島県立短期大学地域研究所『研究年報』第47号

野村俊郎（2016b），「急成長するインド自動車市場――盤石の覇者スズキと追うトヨタの挑戦――」，鹿児島県立短期大学『商経論叢』第67号

野村俊郎（2016c），「ブラジル・アルゼンチン市場の急成長と競争激化――Big4の支配に挑むトヨタの能力構築――」鹿児島県立短期大学『紀要』第67号

野村俊郎（2017a），「スズキ45％のインド市場の急成長とトヨタの適応――イノベータのジレンマに陥るも進む能力構築とジレンマ克服の展望――」清晌一郎編（2017）第4章（117～143頁），および，「日系Tier1の少ない南米自動車市場の急成長と非日系調達への適応――欧米系，現地系からでも日系並みを実現するトヨタの部品調達――」，同前第9章（261～285頁）

野村俊郎（2017b），「インドネシア市場ではイノベータのジレンマを超えたトヨタ――ダイハツを活用したLCGC開発の成功と限界――」鹿児島県立短期大学地域研究所『研究年報』第48号

野村俊郎（2017c），「新興国自動車市場の大変動とトヨタの適応――ベンツとの競争に挑む前田ZB――」鹿児島県立短期大学『商経論叢』第68号

野村俊郎（2017d），「高価格帯と低価格帯に分化した新興国市場に適応するトヨタ」鹿児島県立短期大学地域研究所『研究年報』第49号

藤本隆宏（1997），『生産システムの進化論――トヨタ自動車に見る組織能力と創発プロセス――』有斐閣

藤本隆宏（2001），「日本型サプライヤーシステムとモジュール化――アーキテクチャ論の視点から――」独立行政法人経済産業研究所（RIETI）https://www.rieti.go.jp/jp/events/e01071301/pdf/fujimoto.pdf

藤本隆宏（2003），『能力構築競争　日本の自動車産業はなぜ強いのか』（中公新書）

藤本隆宏（2015），ものづくり経営研究コンソーシアム定例会議（2015年5月15日，東京大学ものづくり経営研究センター）での野村俊郎の講演に対するコメント。

おわりに

　本書は野村俊郎（鹿児島県立短期大学）と山本肇（野村総合研究所タイ）の共著であるが，単独で執筆した野村の前著『トヨタの新興国車IMV』の続編でもある。そして，前著の出版から本書に至る3年の間には，本書が出版出来なくなってもおかしくない出来事があった。そのため，野村には本書が無事出版出来たことに万感の思いがある。そこで，その出来事を中心に前著から本書に至る経緯を述べておきたい。共著であるにもかかわらず，「終わりに」を私が単独で，しかも私事について書くことを快諾してくれた山本さんに深く感謝いたします。
　私は前著の刷り上がり見本が自宅に届いた日の夜に脳梗塞で倒れ，左手と左足に重い障害が残った。今から3年前，2015年2月15日のことである。倒れた直後には麻痺もなく，自分でタクシーに乗って病院に向かった。その時，ラインで東京在住の娘に送ったメッセージが左手で書いた最後のメッセージとなった。入院の翌朝目覚めると左半身に重い麻痺が現れており，起ち上ることが出来なくなっていた。左手は肩から先が反応せず，ぶら下がっているだけであった。東京から駆けつけてくれた看護師の娘は，私の姿を見て「このまま寝たきりになる」と思ったそうである。
　しかし，私は今思えば驚くほど落ち着いていた。妻にノートパソコンを届けてもらうと，モバイルルーターに接続して，直後に予定されていた講演の主催者である藤本隆宏先生（東京大学）と新宅純二郎先生（東京大学）に事情を知らせるメールを送っていた。初めて右手だけで書いたメールである。倒れた日の翌々日だったと思う。直後に京都で予定されていた前著の書評会は，病院の御厚意で病室の隣の空き部屋を貸して頂きスカイプ中継で実施できた。結局，発症が原因で中止となった講演等は一つだけで済んだ。
　発症直後に入院した鹿児島市立病院，リハビリ目的で転院したひまわり病院，5カ月近くにわたってリハビリを行った鹿児島大学病院霧島リハビリテー

ションセンターは，そのいずれもリハビリを含む治療時間以外に私が研究活動を行うことに理解があった。特に霧島リハビリテーションセンターの主治医であった友永慶医師は，東京，京都への学会出張，講演，愛知県での企業調査のほとんどを外出訓練・外泊訓練（治療の一環）と認め，許可を出してくれた。入院中も研究を続けることに治療としての意義を認め，寛容であった三つの病院の院長，主治医，看護師，セラピストはじめすべての病院スタッフに深く感謝申し上げます。

前著は，出版されたら京都大学に博士論文として提出することが決まっていた。ただ，実際に提出するには，さらに準備が必要であり，入院中に予定された口頭試問，試験等の準備も必要であった。しかし，必要な文献，資料はすべて研究室にあり，病院での作業は難航した。そこで，親しくしていた勤務先の後輩に必要な文献，資料を研究室から運び出してもらい，資料の参照は助手の牧之内綾さんに御願いした。博士論文提出に必要な事務文書も，その大半を牧之内さんに作成してもらった。口頭試問はその時点でも未だ車椅子が必要だったため，妹の小野美佐絵に付き添ってもらった。審査では塩地洋先生（主査），菊谷達弥先生，田中彰先生に審査委員を務めて頂いた。これらのすべてが無事終わった2015年9月2日に私は退院した。

退院直後の9月24日には京都大学で博士（経済学）の学位を授与された。前著は，私の博士論文となった。学位記をはじめすべての書類を右手だけで受け取った。入院先からの博士論文提出という，常識的には不可能と思われる作業に協力して頂いた，すべての皆さんに心から御礼申し上げます。

私は退院の翌日に鹿児島県立短期大学に復職した。その同じ日に鹿児島市から身体障害者手帳を交付された。6カ月に亘るリハビリにも関わらず左手左足に重い麻痺が残り，退院直前の主治医の診察で左上下肢機能喪失，回復不能と診断されたためである。しかし，そのことは事前に想定されていたため，勤務先では階段，廊下に手摺を設置し，トイレを障害者用に改修するなど，私が職場復帰する前に準備を整えてくれていた。お陰で，後期が始まる10月の最初から講義を再開することができた。博士論文となった前著を教科書に，教卓や椅子，黒板の縁で体を支えながら教壇に立った。右手だけで板書するのは発症前と変わらないが，教壇に立つ姿が危なっかしい。勤務先の短大は，誰のどの授

業でも私語がほとんどなく，ノートを取る筆記具の音だけが聞こえるような学校である。それは障害者となった私の授業でも変わらなかった。学生が発症前と同様に静かに聞いてくれるのが有難い。

　入院中，文献・資料が参照できず，論文執筆が不可能だった反動で，職場復帰後の私は猛スピードで執筆を進めた。本書に掲載のすべての原稿は，退院後の3年間に勤務先の紀要等に投稿した論文が元になっている。取材活動も国内，海外ともに再開できたたため，本書の序章と終章で利用した情報の大半は退院後に入手したものである。また，統計情報に関しては，すべての章で退院後に入手した最新のものを利用した。これらのお陰で，本書は最新の情報を最新の問題意識で分析できたと思う。

　こうした発症から本書に至る経緯の中でも，発症前と変わることなく現場取材に基づく研究を進められたのは，私に現場取材のチャンスを与えてくれた次の皆さんのお陰である。現場取材ではまず，伊原保守氏（元トヨタ自動車副社長，前アイシン精機社長）に，中嶋裕樹氏（トヨタ自動車常務役員・ミッドサイズビークル・カンパニー・エグゼクティブバイスプレジデント，ZB第2代CE）を紹介して頂いたり，アイシン精機と同社海外現法の取材で多大な便宜を供与して頂いた。また，前田昌彦氏（トヨタ自動車常務役員・新興国小型車カンパニー・プレジデント，ZB第3代CE）には長時間に及ぶインタビューに何度も答えて頂いた。私が身体障害者となって以後も，以前と変わらず現場の詳細な観察とインタビューに基づく研究を続けられるのは，この3人の御協力のお陰である。また，トヨタに関する統計情報，画像等については，同社広報部の新実真木氏，米川直己氏に御協力頂いた。本書が豊富な統計情報を用いて分析を進められたのも，必要に応じて画像を掲載できたのもお二人のお陰である。また，工場見学等の現場取材では，現場の多くの皆さんにお世話になった。さらに，インド，ブラジルの個々のモデルの販売台数情報はFOURINの中田徹氏，村上弘晃氏に詳細な情報を御提供頂いた。御協力頂いたすべての皆さんにも厚く御礼申し上げます。

　本書は，「ルーチンベースの市場適応の経済学」の最初の試みである。この構

想の出発点となった「ルーチンベースの生産の経済学」は，ものづくり経営研究コンソーシアム定例会議（2015年5月15日，東京大学ものづくり経営研究センター）で私が講演した際に開かれた懇親会の席で，藤本隆宏先生が車椅子に座って講演した私を励ます言葉として書いて下さったものである。発症からちょうど3カ月が経った日のことであった。この言葉に導かれるように私は本書につながる研究を続けてきた。この言葉がなければ，私は本書をこのような形でまとめることは出来なかっただろう。

　本書のインドネシアとインドの章は，塩地洋先生が主催するアジア中古車流通研究会で発表させて頂き，実務家，研究者双方から貴重なコメントを頂いた。塩地先生には出版前の原稿の一部を何度も読んで頂き，入稿直前の最終原稿は最初から最後まですべて読んで頂き，細部にわたるまで詳細なコメントを頂いた。本書作成の最後の段階で，何度も頂いたコメントが本書をまとめ上げる原動力となったことは間違いない。藤本先生と塩地先生に深く感謝申し上げる。

　また，塩地先生の他に，田中彰先生（京都大学），西岡正先生（兵庫県立大学），細川薫氏（元トヨタ自動車ZBチーフエンジニア，現ダイハツ工業車両開発本部），小野真氏（島津製作所）にも，出版社に入稿する直前の原稿を読んで頂き，貴重なコメントを頂いた。特に，細川薫氏には，はじめに，序章，第1章，終章に関して詳細なコメントを頂き，それぞれ細部に亘るまで正確に仕上げることができた。以上，御多忙中にもかかわらず，原稿に目を通して頂きコメントして下さったすべての皆さんに深く感謝申し上げる。その他に，助手の牧之内綾さんには，原稿執筆の段階から，表現を読者に分かりやすく，図表を見やすくという視点から多数の助言，協力をもらった。本社が読者に読みやすく仕上がっているとすれば，その多くは牧之内さんの助言，協力のお陰である。

　本書の分析方法は，個別資本であるトヨタ自動車において，市場での商品の成否を決める（売れるか売れないか，儲かるか儲からないかを決める）モデル別製品開発（原価企画を含む）に焦点を当て，モデル別製品開発を統括する組織であるZのチーフエンジニアを繰り返し取材して得た情報を分析するというものである。

　この分析方法の第1の意味は，現実を把握するにあたって，「死んだ抽象」から

出発するのでなく「生きた現実」から出発するということである。これは，藤本先生が「高度3万メートル」から見るだけでなく，「高度1.5メートル」からも見るという現場主義にも通じるものがあるが，私の個人的な思いとしては，故上野俊樹先生（立命館大学）の晩年の口癖であった「東大阪の現場を百社取材してきなさい」を，対象を変えて行ってきたというのが実感である。56歳で亡くなられた先生にとって，これは最晩年の教えであるが，私にとっては30代の駆け出しの頃の教えであり，その教えを58歳になった今日まで守ってきたことになる。

　この分析方法の第2の意味は，現象を説明する際に，「表面的な事実」を説明するだけでなく，その「現象を生み出す主体」から説明するということである。「1億台に迫る規模に成長した世界自動車市場」，「新興国市場が先進国市場を逆転」という「現象」を，トヨタ自動車という「主体」から説明するという発想もまた，「主体の経済学」を志向していた上野先生から学んだものである。

　その分析方法の第3の意味は，現象を雑多な要因から説明するのでなく，「主要なモメント」（全体を統一する中心的な要因，変化・発展を生み出す決定的な要因）から説明するということである。トヨタ自動車は全世界に拠点を持つ巨大組織であり，個々の組織が多面的に関連する複雑な組織である。しかし，年間1千万台の販売と2兆円の利益を実現している主要なモメントは，個々のモデルの商品力であり，その商品力はモデル別製品開発組織であるZによって創造されている。本書がZを深く分析しているのは，Zを主要なモメントとみているためである。この「主要なモメントから説明する」という発想も上野先生から教えて頂いた。

　他方で，上野先生は複雑で多面的な現象を「主要なモメント」だけから説明することを強く戒めていた。現実は必要な条件がすべてそろって初めて出現するのであり，また，条件の中には偶然的なものもあり，偶然が決め手に見える場合すらある。本書では偶然への目配りを忘れないように心がけてきたつもりであるし，歴史的な経緯が決定的な役割を果たす経路依存性を強調してもいる。これが本書の分析方法の第4の意味である。

　本書の分析方法の第5の意味は，個別資本であるトヨタを他の個別資本との競争関係の中で分析したことである。WTO協定が新興国にも適用された2000年以降，文字通りのグローバル資本主義が登場した。新興国も含むすべての国

の市場が世界市場に組み込まれ，そのすべてを舞台とする少数の巨大企業間の激しい競争が現れた。その競争は，開発，製造，調達，販売を巡って多面的に繰り広げられているが，本書では，その主要なモメントを製品開発競争とみている。ここに私と山本さんのオリジナルな見方があると思う。そして，この見方は，二人が通産省（現経産省）自動車課で出会った20年前から現在に至るまで変わらない。長期にわたる現場取材，共同研究を続けてくれた山本さんに深く感謝申し上げます。

　原稿完成から出版までは，前著と同様に前野弘太さんはじめ文眞堂の編集部の方々にお世話になった。本書が出版に漕ぎ着けられたのは文眞堂のみなさんのお陰である。

　最後に，私の家族についても述べておきたい。私の妻，美枝子は，私が自宅から遠く離れた霧島リハビリテーションセンターに5カ月間入院した際は，隣接するホテルに5カ月間宿泊して付き添ってくれた。また，入院先からの出張では車椅子を押しながら同行してくれた。退院後もしばらくは車椅子が必要だったため，出張には妻に同伴してもらった。その後，勤務先の同僚だった妻は退職して，私の介護に専念してくれている。一人娘の菜摘は，東京から何度もお見舞いに来てくれた。現在では車椅子も不要になり，一人で出張できるようになったが，東京出張の際は娘のマンションに泊めてもらい，用務先まで同伴してもらうことが多い。退院直後から研究活動を再開し，現在まで順調に続けて来られたのは妻子のお陰である。それがなければ，発症後3年という短い期間で本書を完成させることは出来なかっただろう。本書の出版には前述のとおり，多数の皆さんにお世話になった。本書が人間関係の産物であることは前著と変わらない。しかし，本書は，私が重度の障害を負った直後の作品のため，家族のサポートが決定的に重要だった。山本さんの承諾も得られたので，本書を私の妻，美枝子と娘，菜摘に捧げる。

脳梗塞で倒れて3年目の日，研究室にて

2018年2月15日

野村俊郎

初出一覧

序章と終章「新興国自動車市場の大変動とトヨタの適応～ベンツとの競争に挑む前田ZB～」鹿児島県立短期大学『商経論叢』第68号, 2017年
第2章「インドネシア市場ではイノベータのジレンマを超えたトヨタ～ダイハツを活用したLCGC開発の成功と限界～」鹿児島県立短期大学地域研究所『研究年報』第48号, 2016年
第3章「急成長するインド自動車市場～盤石の覇者スズキと追うトヨタの挑戦～」鹿児島県立短期大学『商経論叢』第67号, 2016年
第4章「スズキ, トヨタのパキスタン市場戦略と生産・調達の工夫 ～ブルーオーシャンで成功した二つの戦略～」鹿児島県立短期大学地域研究所『研究年報』第47号, 2015年
第5章「ブラジル・アルゼンチン市場の急成長と競争激化～Big4の支配に挑む追うトヨタの能力構築～」鹿児島県立短期大学『紀要』第67号, 2016年

索 引

[英数]

1トンピックアップ　31
21世紀のプロダクトサイクル　73, 75
3S Dolly　114
ACE　127
ADEFA　142
ALADI　127
ANFAVEA　142
AP-GPC　39
Big4　122
CAGR　70
CE　9, 10, 32, 145, 149, 156
CV　33
DNGA　144
DS　86
ECCカンパニー　143
EFC　80, 84, 91
FOB　119
IMV　i, 53, 67
KD　24
LCGC　51, 57
LCV　33
MLM　42
OICA　6
PACO　99
President (プレジデント)　17, 144, 156
QCD　vi
SIAM　76, 91
SPS　114
SPTT　88, 139
　——活動　139
Swift (スイフト)　79, 151
TDEM　144
TKM　82
TLI　83

TMAP-EM　39
TMAP-MS　39
TMC　36
TRD　43
TS　86
TTCAP-TH　36
U-IMV　51, 54, 67
Z　9, 32
ZB　10

[あ行]

アイラ　56, 64
アギア　56, 64
アバンザ　55, 64
アルト 800　102, 151
アローアンス　87
イノベーターのジレンマ　iv, 52, 69, 89, 153
インセンティブ　2, 65, 66
インダスモーター　108, 110
インラインバイパス　113
エティオス　84, 85, 133
エボリューション　32
オンサイト・サプライヤー　88

[か行]

カリヤ　56, 64
関係特殊的技能　134, 138
カンパニー　14
キジャン　53
均衡係数　127
組立ライン　112
グローバルプレイヤー　19
グローバルベスト　11
堅牢性　21
公差　139, 142

小型トラック系乗用車　　ii
ゴル　　iii, 131

[さ行]

サフィックス　　24, 33
シグラ　　56, 64
新興国　　32
新興国小型車カンパニー　　iv, 30, 35, 40,
　　66, 90, 143, 148
スイフト（Swift）　　79, 151
設計チェックシート　　137
セニア　　55, 64
先進国　　32
相互補完　　128
創発　　9, 34, 148

[た行]

大変動　　7
タクトタイム　　113
タフの再定義　　11
中国市場　　v
直前直左ミラー　　28
適応　　8, 9
適応度　　8
デュアルルーチン　　3, 32, 150
トラック系乗用車　　vi, 31, 33

[な行]

内燃機関車販売禁止　　25

[は行]

パックスズキ　　108
ばらつき　　139
非系列部品調達　　134
ピッチ　　112
プラットフォーム　　vi
フリートユーザー　　105
プレジデント（President）　　17, 144, 156
プレトリムライン　　113
ブルーオーシャン　　96

[ま行]

まとめて任せる　　141
マルカイ　　42
マルチ 800　　73, 102, 151
マルマ　　42
マルモ　　42
メヘラン　　94, 100, 101
目的ブランド　　89, 90, 153

[ら行]

リバースエンジニアリング　　95, 102, 116
ルーチン　　31
レッドオーシャン　　96
レボリューション　　33
ローカルプレイヤー　　20
ローカルベスト　　11

著者紹介

野村　俊郎（のむら・としろう）

1959年　京都府に生まれる
1990年　立命館大学大学院経済学研究科博士後期課程単位取得満期退学
2015年　論文により京都大学博士（経済学）
現　在　鹿児島県立短期大学教授
著　書　『トヨタの新興国車IMV』（文眞堂，2015年），他共著多数。

山本　肇（やまもと・はじめ）

1969年　ベルギー，ブラッセルに生まれる
1995年　東京大学大学院経済学研究科博士前期課程修了
　　　　タイ，チュラロンコン大学サシン経営大学院 Executive MBA
　　　　三菱総合研究所，IHSオートモティブ（バンコク事務所ダイレクター）を経て
現　在　野村総合研究所タイのシニアコンサルタント

トヨタの新興国適応
――創発による進化――

2018年12月30日　第1版第1刷発行　　　　　　　　検印省略

著　者　　野　村　俊　郎
　　　　　山　本　　　肇

発行者　　前　野　　　隆

発行所　　株式会社　文　眞　堂
　　　　　東京都新宿区早稲田鶴巻町533
　　　　　電　話　03（3202）8480
　　　　　FAX　03（3203）2638
　　　　　http://www.bunshin-do.co.jp/
　　　　　〒162-0041　振替00120-2-96437

製作・モリモト印刷
©2018
定価はカバー裏に表示してあります
ISBN 978-4-8309-5012-4　C3034